Max Päsler · Prinzipe der Mechanik

Foto: W. Ernst Böhm, Ludwigshafen

Prinzipe der Mechanik

von

Prof. Dr. Max Päsler

Ordinarius für Theoretische Physik an der Technischen Universität Berlin
Honorarprofessor der Freien Universität Berlin

Walter de Gruyter & Co.

vormals G. J. Göschen'sche Verlagshandlung · J. Guttentag, Verlagsbuchhandlung · Georg Reimer · Karl J. Trübner · Veit & Comp.

Berlin 1968

Printed in Germany. Satz und Druck: H. Heenemann KG, Berlin 31 — Einband: U. Hanisch. Berlin-Zehlendorf

Clemens Schaefer
zum
90. Geburtstag

Vorwort

Es ist knapp ein halbes Jahrhundert her, als (1919) eine von CL. SCHAEFER verfaßte Schrift *Prinzipe der Dynamik* erschien. In ihr wurde der Inhalt einer Vorlesung zusammengefaßt, die eine Ergänzung „der allgemeinen Vorlesung über Mechanik“ war.

Die *allgemeinen Vorlesungen*, die CL. SCHAEFER nicht nur über *Mechanik*, sondern auch über alle anderen Teilgebiete der Theoretischen Physik gehalten hat, sind wohlbekannt: sie haben ihren Niederschlag in dem vierbändigen Werk *Einführung in die Theoretische Physik* gefunden.

Obwohl jeder dieser Bände inzwischen mehrfach aufgelegt wurde, erlebten die *Prinzipe der Dynamik* nur eine Auflage. Dies wurde, wie es sich inzwischen erwiesen hat, ausschließlich durch äußere Umstände — keineswegs jedoch durch mangelnde Nachfrage — bedingt.

Im Zusammenhang mit der Neufassung des 1. Bandes der *Theoretischen Physik* kam mir der Gedanke, die (leider inzwischen in Vergessenheit geratenen) *Prinzipe der Dynamik* durch eine neue Schrift zu ersetzen. Der Grund hierfür war vorwiegend die Tatsache, daß — soweit dem Verf. bekannt — es z. Z. kein in deutscher Sprache verfaßtes Buch gibt, welches den hier behandelten Stoff allein zum Thema hat. Dagegen sind in den letzten eineinhalb Jahrzehnten in der fremdsprachigen Literatur mehrere Werke zu dem genannten Thema erschienen. Hieraus kann entnommen werden, daß dafür Interesse besteht, und es erschien daher nicht überflüssig, über die *Prinzipe der Mechanik* auch ein deutschsprachiges Buch zu veröffentlichen.

Bei der Abfassung dieser Schrift wurde vornehmlich an Studierende der Physik, der Mathematik und anderer Fachrichtungen gedacht, die sich während ihres Studienganges mit Theoretischer Mechanik beschäftigen müssen. Diesen Studierenden soll das vorliegende Buch über *Prinzipe der Mechanik* etwas mehr sagen, als darüber in den Turnusvorlesungen über Theoretische Mechanik üblicherweise gebracht wird. Darüber hinaus wird, was in Vorlesungen über Klassische Mechanik wohl kaum behandelt werden kann, die Übertragung des LAGRANGE- und HAMILTON-Formalismus auf Felder angedeutet. Dies schien erforderlich im Hinblick auf die Anwendung in der Quantenfeldtheorie.

Um den hier behandelten Stoff zu verstehen, sind nicht allzu viel Vorkenntnisse erforderlich. Verlangt wird aus der Physik: die Grundtatsachen der Klassischen Mechanik und (zum Verständnis von Abschnitt D) etwas über Differentialgleichungen der Physik. Aus der

Mathematik wird vorausgesetzt: das Beherrschen der Grundregeln der Differential- und Integralrechnung sowie der Elemente der Vektorrechnung. Dagegen wurden die im Zusammenhang mit der Behandlung des HAMILTONschen Prinzips verwendeten Regeln und Sätze aus der Variationsrechnung nicht als unbedingt geläufig vorausgesetzt. Deswegen wurde das Kapitel 3 eingeschoben, in dem der der Variationsrechnung unkundige Leser alles findet, was zum Verständnis der Kapitel 12ff. erforderlich ist.

Bei der Abfassung dieser Schrift erfuhr ich eine nicht unerhebliche Unterstützung durch meine Mitarbeiter H. LÜBBIG, K. RIETZEL und insbesondere J. STREUBEL. Die Genannten, sowie die unermüdliche Schreiberin des mehrfach geänderten Manuskriptes, Fr. SCHÖNEBERG, haben mir außerdem wertvolle Hilfe beim Korrekturlesen geleistet. Ihnen gebührt hierfür aufrichtiger Dank. Auch mein ehemaliger Mitarbeiter K. ROBERT hat an der Gestaltung der ersten Fassung des Manuskriptes an einigen Teilen mitgeholfen, was hier nicht unerwähnt bleiben soll und wofür ich ihm ebenfalls danke. Wenn es gelungen sein sollte, manchen Stellen, die in der Literatur nicht immer ganz korrekt formuliert wurden, in dieser Schrift eine etwas präzisere Fassung zu geben, so geht dies u. a. auch auf Vorschläge meiner Mitarbeiter zurück.

Sicher wird dieses Buch auch Mängel und Schwächen enthalten. Der Verf. bittet daher um Mitteilung von Fehlern und ist für jeden Verbesserungsvorschlag dankbar.

Dieses Vorwort soll mit einer Äußerung enden, die sich in einem Werk von CL. SCHAEFER findet: „*Möge der Erfolg die aufgewandte Mühe lohnen*!“

BERLIN 30, 1. FEBRUAR 1968 M. PÄSLER

Inhaltsübersicht

A. Vorbereitendes

1. Einführung ... 1
2. Historische Notizen ... 4
3. Einiges aus der Variationsrechnung ... 6

B. Die Prinzipe der Mechanik

4. Nebenbedingungen ... 17
5. Das Prinzip der virtuellen Verschiebung ... 20
6. Das D'ALEMBERTsche Prinzip und die LAGRANGEschen Gleichungen 1. Art 30
7. Das GAUSSsche Prinzip des kleinsten Zwanges ... 34
8. Energetische Betrachtungen ... 41
9. Generalisierte holonome und nichtholonome Koordinaten ... 45
10. Die LAGRANGEschen Gleichungen 2. Art ... 52
11. Die explizite Form der LAGRANGEschen Gleichungen 2. Art ... 60
12. Das HAMILTONsche Prinzip ... 64
13. Die erweiterten LAGRANGEschen Gleichungen 2. Art ... 70
14. Bemerkungen über andere Prinzipe der Mechanik ... 76

C. Die HAMILTONsche Mechanik

15. Die HAMILTONschen Gleichungen ... 85
16. Zyklische Variable ... 89
17. Die Kanonische Transformation ... 94
18. Die HAMILTON-JACOBIsche Differentialgleichung ... 99
19. Die POISSON-Klammern ... 106
20. Erhaltungssätze und Invarianzeigenschaften ... 112
21. Die ROUTHschen Gleichungen ... 115
22. Die Gleichungen von GIBBS-APPELL ... 118
23. Die optisch-mechanische Analogie und der Übergang zur Wellenmechanik 121

D. Anwendung des Lagrange-Formalismus auf Felder

24. Der Begriff des Feldes und der Feldgleichung 131
25. Der Lagrangesche Formalismus für ein Feld 134
26. Der Hamiltonsche Formalismus für ein Feld 137
27. Lagrange-Dichten für einige spezielle Felder 140
28. Sachregister 145

Literatur

[1] BOLTZMANN, L.: *Prinzipe der Mechanik.* 2 Bde. Leipzig: J. A. Barth 1922.

[2] COURANT, R. u. D. HILBERT: *Methoden der mathematischen Physik.* Bd. 1. Berlin: J. Springer 1931. (Neu erschienen: New York und London: Interscience 1966.)

[3] DÜHRING, E.: *Kritische Geschichte der allgemeinen Principien der Mechanik.* Berlin: T. Grieben 1873.

[4] FUNK, P.: *Variationsrechnung und ihre Anwendung in Physik und Technik.* Berlin-Göttingen-Heidelberg: Springer-Verlag 1962.

[5] HAMEL, G.: *Theoretische Mechanik.* Berlin-Göttingen-Heidelberg: Springer-Verlag 1949.

[6] HERTZ, H.: *Die Prinzipien der Mechanik.* Leipzig: J. A. Barth 1894. (Neu erschienen: Darmstadt: Wissenschaftliche Buchgesellschaft 1963.)

[7] LANCZOS, C.: *The Variational Principles of Mechanics.* Toronto: Univ. of Toronto Press 1964.

[8] MACH, E.: *Die Mechanik in ihrer Entwicklung.* Leipzig: F. A. Brockhaus 1908. (Neu erschienen: Darmstadt: Wissenschaftliche Buchgesellschaft 1963.)

[9] MERCIER, A.: *Analytical and Canonical Formalism in Physics.* Amsterdam: North-Holland Publishing Comp. 1959.

[10] NORDHEIM, L.: *Prinzipe der Dynamik.* Handbuch der Physik (herausgegeben von GEIGER-SCHEEL). Bd. V. Berlin: J. Springer 1927.

[11] PRANGE, G.: *Die allgemeinen Integrationsmethoden der analytischen Mechanik.* Encyklopädie der Mathematischen Wissenschaften, Bd. IV. 2. Leipzig: B. G. Teubner 1904–1935.

[12] SCHAEFER CL. u. M. PÄSLER: *Einführung in die Theoretische Physik.* Bd. I. Berlin: W. de Gruyter 1962.

[13] SMIRNOW, W. I.: *Lehrgang der Höheren Mathematik.* Teil IV. Berlin: Deutscher Verlag der Wissenschaften 1958.

[14] YOURGRAU, W. u. S. MANDELSTAM: *Variational Principles in Dynamics and Quantum Theory.* London: Sir Isaac Pitman & Sons, Ltd. 1956.

A. Vorbereitendes

1. Einführung

Der in den nachfolgenden Darlegungen behandelte Gegenstand gehört — wie es bereits durch den Titel dieser Schrift zum Ausdruck kommt — der Mechanik an. Dieser Teil der Physik ist die *Lehre von den Kräften* und den von ihnen verursachten *Bewegungen*. Der Mechanik obliegt insbesondere die Aufgabe, *Bewegungsgleichungen* aufzustellen. Unter diesem Begriff versteht man Gesetzmäßigkeiten, die es ermöglichen, den Ablauf der Bewegung, d. h. die Bahn eines mechanischen Systems zu ermitteln, wenn es der Einwirkung von (als gegeben anzusehenden) Kräften unterworfen ist. Dabei ist mit System eine Anzahl von Objekten (Körper usw.) gemeint, die als eine Gesamtheit behandelt werden.

Da die Bewegung eines Systems erst dann vollständig beschrieben ist, wenn man den Ortsvektor $\mathfrak{r} = \mathfrak{r}(t)$ eines jeden zum System gehörenden Teiles in Abhängigkeit von der Zeit t für jeden Zeitpunkt t kennt, ist die Aufgabe, den Bewegungszustand eines beliebigen Systems zu bestimmen, im allgemeinen sehr schwierig und in Strenge wohl kaum lösbar.

Um dennoch zu Ergebnissen zu gelangen, ersetzt man — und das nicht nur in der Mechanik, sondern auch in allen anderen Teilgebieten der Physik — die tatsächlichen Verhältnisse (die „Wirklichkeit") durch *Modell*vorstellungen. Diese bestehen darin, daß man verschiedene Einzelheiten, die die Beschreibung physikalischer Vorgänge komplizieren, einfacher annimmt, als sie in Wirklichkeit sind, oder sie zunächst unberücksichtigt läßt.

In der Mechanik geschieht dies in radikalster Weise durch Einführung des Modells des *Massenpunktes*. Dieser ist insofern das einfachste Abbild eines Körpers, als von allen ihn kennzeichnenden Eigenschaften (wie z. B. von seiner geometrischen Form, von der Massenverteilung, von der Verformbarkeit usw.) abgesehen und allein die Gesamtmasse berücksichtigt wird, die man sich in einem Punkt konzentriert denkt.

Von diesem so extrem primitiven Modell für einen (festen) Körper ausgehend, baute NEWTON[1]) — nach Vorarbeiten von GALILEI[2]) u. a.[3]) —

[1]) Isaac NEWTON: * 1643 in Woolsthorpe, † 1727 in London.
[2]) Galileo GALILEI: * 1564 in Pisa, † 1642 in Arcetri.
[3]) Vgl. hierzu etwa [8] des Literaturverzeichnisses.

seine Punktmechanik[1]) auf, an deren Spitze er drei (heute ihm zu Ehren als NEWTONsche Axiome bezeichnete) Gesetze stellt. Von ihnen ist insbesondere die „Lex secunda" als NEWTON*sche Bewegungsgleichung* bekannt, die in der heute üblichen Schreibweise (für den nichtrelativistischen Fall) formelmäßig durch

$$m\,\ddot{\mathfrak{r}} = \mathfrak{K}\,(\mathfrak{r}, \dot{\mathfrak{r}}, t) \tag{1,1}$$

ausgedrückt wird.[2]) Aus dieser Differentialgleichung kann der Ortsvektor $\mathfrak{r} = \mathfrak{r}\,(t)$ eines Massenpunktes m als Funktion der Zeit t bestimmt werden, wenn m der Einwirkung von äußeren Kräften unterliegt, deren Resultante $\mathfrak{K}$ ist.

Durch die Schreibweise

$$\mathfrak{K} = \mathfrak{K}\,(\mathfrak{r}, \dot{\mathfrak{r}}, t) \tag{1,2}$$

soll zum Ausdruck gebracht werden, daß die äußeren, auf m einwirkenden Kräfte im allgemeinen sowohl vom Ort $\mathfrak{r}$ als auch von der Geschwindigkeit $\dot{\mathfrak{r}}$ des Massenpunktes m und vielleicht auch explizit von der Zeit t abhängen können.

Die NEWTONsche Bewegungsgleichung (1,1) hat sich zur Bestimmung der Bewegung eines freien Massenpunktes bewährt. Indessen ist ihr Gültigkeitsbereich beschränkt. Schon zur Bestimmung der Bewegung eines *un*freien Massenpunktes (z. B. eines ebenen Pendels) versagt (1,1) und ist in diesem Fall durch die LAGRANGEsche Gleichung 1. Art (6,5) zu ersetzen. Weiterhin ist es nicht möglich, mittels (1,1) Rotationsbewegungen zu beschreiben, weil solche p. def. nur ein Körper, nicht aber ein Massenpunkt auszuführen vermag, für den allein NEWTON seine Bewegungsgleichung (1,1) ausgesprochen hat. Man wird daher zur Beschreibung der Bewegung von — der Einfachheit halber zunächst als starr angenommenen — Körpern von Bewegungsgleichungen auszugehen haben, die eine Erweiterung von (1,1) sind. Diese für einen starren Körper geltenden Bewegungsgleichungen werden abermals zu erweitern sein, wenn die Bewegung deformierbarer Körper bestimmt werden soll, welche Aufgabe der Elastizitätstheorie und der Hydrodynamik obliegt.

Die vorstehend angedeuteten Fragen nach Bewegungsgleichungen, die in ihrer Leistungsfähigkeit über die von (1,1) hinausgehen, sind Beispiele für eine Anzahl von Problemen, die sich im Laufe der Entwicklung der Mechanik ergaben. Man suchte nach Methoden, die es gestatten, mög-

[1]) Dargestellt in *Philosophiae naturalis principia mathematica* (1686).

[2]) Je ein Punkt über einer von der Zeit t abhängigen Funktion $f = f\,(t)$ bedeutet je eine Ableitung von f nach t, also $\dot{f} = df/dt$, $\ddot{f} = d^2f/dt^2$ usw. Insbesondere ist, wenn $\mathfrak{r} = \mathfrak{r}\,(t)$ den Ortsvektor eines Massenpunktes m bedeutet, $\dot{\mathfrak{r}} = \mathfrak{v}$ die Geschwindigkeit und $\ddot{\mathfrak{r}} = \mathfrak{a}$ die Beschleunigung von m. Diese Symbolik geht auf NEWTON zurück.

lichst einfach das mechanische Verhalten von verwickelt zusammengesetzten Systemen zu beschreiben. Man fragte weiterhin, ob und unter welchen Bedingungen sich Gesetzmäßigkeiten der Punktmechanik auf die Mechanik der Kontinua übertragen lassen u.a.m. Insbesondere war man aber bestrebt, die Gesetzmäßigkeiten der Punktmechanik auszubauen und sie möglichst allgemein zu formulieren, um zu Aussagen mit großem Gültigkeitsbereich zu gelangen.

Die Bemühungen, die eben erwähnten Fragen zu beantworten, waren erfolgreich. Ihre Untersuchung führte — vornehmlich im 18. und 19. Jahrhundert — u. a. zu neuen Formulierungen der Gesetze der Mechanik, die dadurch nicht nur in bemerkenswert eleganter Weise ausgedrückt werden konnten, sondern in der neuen Fassung mehr zu leisten vermögen, als die NEWTONsche Bewegungsgleichung (1,1).

Diese Sätze werden als *Prinzipe der Mechanik* bezeichnet. Dieser s. Z geprägte Ausdruck ist auch heute noch gebräuchlich, obwohl er teilweise zu eng ist. Man könnte nämlich glauben, daß ein Prinzip der Mechanik in eben diesem Teil der Physik allein nur gilt. Das ist jedoch nicht der Fall. Es hat sich nämlich im Laufe der Zeit erwiesen, daß sich insbesondere das HAMILTON*sche Prinzip* (Kapitel 12) über die Mechanik hinaus in fast allen anderen Teilgebieten der Physik erfolgreich anwenden läßt. Beispiele hierfür werden in Kapitel 27 gegeben.

Durch die Prinzipe werden die Gesetze der Mechanik im allgemeinen als Extremalaussagen formuliert. Damit ist gemeint, daß der Ablauf eines Vorganges dadurch beschrieben wird, daß man eine für ihn charakteristische Größe angibt, die während des tatsächlich sich abspielenden Naturvorganges einen Extremwert besitzt, verglichen mit allen Werten dieser Größe, die diese annehmen kann, wenn der Vorgang in einer anderen denkbaren Weise abliefe, als es in Wirklichkeit geschieht.

Um Mißverständnissen vorzubeugen, sei noch folgendes bemerkt: Es gibt einige Sätze, die zwar häufig auch als Prinzipe bezeichnet werden, obwohl sie Erhaltungsaussagen sind. Das wohl bekannteste Beispiel hierfür ist das „Energieprinzip". Bekanntlich läßt es sich unter bestimmten Voraussetzungen aus den jeweils geltenden Bewegungsgleichungen gewinnen. Dagegen ist es *nicht* immer möglich, vom Energie„prinzip" ausgehend, die für einen Vorgang geltenden Bewegungsgleichungen zu finden. Da vorstehend gesagt wurde, daß unter einem Prinzip eine Aussage verstanden werden soll, die zu einer Bewegungsgleichung (im Sonderfall der Statik: zu einer Gleichgewichtsbedingung) führt, gehört das Energie„prinzip", wie auch ähnliche „Prinzipe", die Erhaltungsaussagen sind, nicht zu den hier zu behandelnden („echten") Prinzipen. Von ihnen werden im nachfolgenden diejenigen behandelt, die sich als besonders bedeutungsvoll erwiesen haben.

2. Historische Notizen

Bevor es möglich ist, von einem Teilgebiet der Naturwissenschaft sagen zu können, daß seine Grundgesetze erkannt sind und die fragliche Disziplin im wesentlichen übersehen wird, bedarf es wohl zunächst ausnahmslos der Überwindung von Schwierigkeiten. Dies trifft auch für die Entwicklung der Mechanik zu. Bis es zu der klaren Erkenntnis der mechanischen Grundgesetze und zu deren Fassung in der heute üblichen Form kam, wurden vielfach Umwege durchlaufen. Dies im einzelnen zu verfolgen, ist Aufgabe der Geschichte der Mechanik [3], [8]. Wenn aus dieser nachstehend einige Angaben zu dem hier behandelten Gegenstand gemacht werden, so deswegen, weil es nicht überflüssig erscheint, sich bei der Beschäftigung mit einem Gebiet auch ein wenig mit dessen Geschichte vertraut zu machen.

Es wurde eingangs erwähnt, daß einige Prinzipe der Mechanik sich als Extremalaussagen formulieren lassen. Die Vermutung, daß Naturgesetze sich in eine solche Form bringen lassen, besteht wohl schon ebenso lange, wie es ein wissenschaftliches Denken überhaupt gibt. Das Ziel, ein Naturgesetz als Extremalaussage zu formulieren, wird deswegen angestrebt, weil damit dem Gesetz eine an Prägnanz wohl kaum zu überbietende Fassung gegeben werden kann.

Der erste, der eine solche Extremalaussage formulierte, war wohl Aristoteles.[1]) Dieser vertrat die Auffassung, daß in der Natur das „Gesetz der möglichsten Einfachheit“ gilt. Mit dieser Vorstellung über den Ablauf von Naturvorgängen ist die Idee, ein Naturgesetz als ein Extremalprinzip zu formulieren, zwar klar, jedoch sehr allgemein ausgesprochen worden.

Daß es in Einzelfällen möglich ist, einem Naturgesetz eine derartige Fassung zu geben, war auch schon im Altertum bekannt: schon Heron[2]) sprach das Reflexionsgesetz der Optik in Form einer Minimalaussage aus, die sich später als Sonderfall des von Fermat[3]) aufgestellten Prinzips „der kleinsten Zeit“ erwies. Heron war es übrigens auch, der auf Grund seiner zahlreichen Versuche mit einfachen Mechanismen (Hebel, Flaschenzüge u. ä.) zu einem Ergebnis gelangte, das (allerdings in nur sehr grober Form) als erste Aussage des Prinzips der virtuellen Verschiebung angesehen werden kann. Aus der Geschichte dieses Prinzips sei erwähnt, daß es nach Heron erst mehr als ein Jahrtausend später wieder bei Stevin[4]) und Galilei zu finden ist. Auch Torricelli,[5]) ein Schüler Galileis, verwendet in seinen Arbeiten einen Satz, der seinem Inhalt nach dem Prinzip der virtuellen

1) Aristoteles: * 384 v. Chr. in Stagira, † 322 v. Chr. in Chalkis.
2) Heron von Alexandrien: etwa 150 ... 100 v. Chr.
3) Pierre Fermat: * 1601 in Beaumont-de-Lomagne, † 1655 in Toulouse.
4) Simon Stevin: * 1548 in Brügge, † 1620 in Leyden.
5) Evangelista Torricelli: * 1608 in Faenza/Modigliano, † 1647 in Florenz.

Verschiebung nahe kommt. Seine analytische Formulierung wurde jedoch erst 1712 von J. BERNOULLI[1]) gegeben, während es LAGRANGE[2]) war, der auch den grundlegenden Inhalt dieses Prinzips und seine allgemeine Gültigkeit als erster klar erkannt hat.

In diesem Zusammenhang muß auch der Name L. EULER[3]) genannt werden. Dieses wohl größte Genie seiner Zeit und einer der bedeutendsten Wissenschaftler überhaupt, hat sich mit fast jeder der im folgenden behandelten Fragen erfolgreich beschäftigt. Als Mitbegründer der Variationsrechnung — vgl. Kapitel 3 — schuf EULER neben J. BERNOULLI und LAGRANGE jene Hilfsmittel, die es erst ermöglichten, den spekulativen Ansichten des Altertums („Gesetz der möglichsten Einfachheit" s. o.) eine konkrete quantitative Form zu geben. Es wird daher nicht verwundern, daß die heutzutage als „LAGRANGEsche Bewegungsgleichung 2. Art" — vgl. Kapitel 10 — bezeichneten Gesetze auch schon EULER bekannt waren. Ferner gab dieser (neben LAGRANGE) dem 1744 von MAUPERTUIS[4]) nicht ganz klar und auch nicht korrekt ausgesprochenen „Prinzip der kleinsten Wirkung" seine mathematische Formulierung. Übrigens hatte EULER bereits 1743, also vor MAUPERTUIS — und von diesem unabhängig — einen Sonderfall des Prinzips der kleinsten Wirkung selbst gefunden, dessen Anfänge auf LEIBNIZ[5]) zurückgehen. Wenn auch EULER manches zur Klärung des „Prinzips der kleinsten Wirkung" beitragen konnte, so gelang es doch erst HAMILTON[6]) und JACOBI[7]), diesem eine befriedigende Fassung zu geben. Sie wird heute als HAMILTON*sches Prinzip* bezeichnet.

Zu der beachtlichen Entwicklung der Mechanik im 18. Jahrhundert trug auch wesentlich LAGRANGE bei. Durch Einführung des Begriffs der „generalisierten Koordinaten" und unter Benutzung des D'ALEMBERTschen[8]) Prinzips gelangte LAGRANGE zu den heute nach ihm benannten Bewegungsgleichungen. LAGRANGE faßte die gesamten Ergebnisse der damaligen Mechanik in seine berühmte „Mécanique analytique" zusammen, die 1788 erschien. Dieses Werk stellt eine systematische Darstellung der Mechanik dar, die übrigens, worauf LAGRANGE stolz war, nicht eine Abbildung enthält.

In seiner „Mécanique" verwendet LAGRANGE eine Überlegung, die von HAMEL[9]) als „Befreiungsprinzip" bezeichnet wurde. Da sich dieser Begriff jedoch nicht durchgesetzt hat, wollen wir das Befreiungsprinzip

[1]) Johann BERNOULLI: * 1667 in Basel, † 1748 in Basel.
[2]) Joseph Louis LAGRANGE: * 1736 in Turin, † 1813 in Paris.
[3]) Leonhard EULER: * 1707 in Basel, † 1783 in Petersburg.
[4]) Pierre Louis MAUPERTUIS: * 1698 in St. Malo, † 1759 in Basel.
[5]) Gottfried Wilhelm LEIBNIZ: * 1646 in Leipzig, † 1716 in Hannover.
[6]) William Rowan HAMILTON: * 1805 in Dublin, † 1865 in Dunsink.
[7]) Karl Gustav Jakob JACOBI: * 1804 in Potsdam, † 1851 in Berlin.
[8]) Jean D'ALEMBERT: * 1717 in Paris, † 1783 in Paris.
[9]) Georg HAMEL: * 1877 in Düren, † 1954 in Landshut.

nur hier erwähnen und darauf nicht näher eingehen, sondern interessierte Leser auf die einschlägige Literatur [5] verweisen.

In einem, dem Rahmen dieser Schrift angepaßten, nur kurzen und daher keinen Anspruch auf Vollständigkeit erhebenden Rückblick auf die Entwicklung der Mechanik sollte jedoch auch der Name HERTZ[1]) genannt werden. Dieser, insbesondere durch die Entdeckung der elektromagnetischen Wellen (1888) und später (1890) durch die Formulierung des FARADAYschen Induktionsgesetzes als Differentialgleichung bekannte Physiker hat sich auch auf dem Gebiet der Mechanik versucht. Es war sein Bestreben, eine Mechanik aufzubauen, in der der Begriff der Kraft nicht vorkommt.[2]) Dieses Programm hat HERTZ konsequent durchgeführt [6]. Als Ausgangspunkt wählte er ein Postulat, das ihm zu Ehren als „HERTZsches Prinzip der geradesten Bahn" bezeichnet wird. Es besagt, daß sich ein Punktsystem stets so bewegt, daß seine Bahn im Sinn der RIEMANNschen Geometrie eine geodätische Linie ist. Für den Sonderfall einer kräftefreien Bewegung (im Sinne der NEWTONschen Mechanik) ist das HERTZsche Prinzip gleichwertig mit der lex prima von NEWTON, oder wie man vielfach sagt, mit dem GALILEIschen Trägheitsgesetz und ein Sonderfall des GAUSSschen Prinzips des kleinsten Zwanges (Kapitel 7). Da die HERTZsche Mechanik keine Anwendung fand, werden wir auf sie später nicht eingehen, sondern begnügen uns mit diesem Hinweis[3]).

3. Einiges aus der Variationsrechnung

1. Begriffliches: Zur Erläuterung des Begriffes *Variationsrechnung* knüpfen wir an die einfachste Extremwertaufgabe an. Bei ihr handelt es sich darum, denjenigen Wert $x = x_0$ einer unabhängigen Variablen x aufzusuchen, für den eine von ihr abhängige Größe $y = y(x)$ einen Extremwert annimmt. Wie die Zahl x_0 zu bestimmen ist, lehrt die Differentialrechnung.

Es gibt nun eine weitere Klasse von Extremwertaufgaben, bei denen es (im einfachsten Fall) darauf ankommt, eine Funktion $y = y(x)$ derart zu bestimmen, daß ein von ihr und/oder von ihrer Ableitung y' abhängiges bestimmtes Integral einen Extremwert annimmt.

Auf eine solche Aufgabe führt z. B. die bekannte Frage nach der kürzesten Verbindungslinie $\mathfrak{C}$ zweier gegebener Punkte P_1 und P_2. Um sie zu bestimmen, werde

[1]) Heinrich HERTZ: * 1857 in Hamburg, † 1894 in Bonn.

[2]) Die Meinung hierzu ist z. T. gänzlich ablehnend. So sagt z. B. HAMEL in [5] zu dem Vorhaben von HERTZ, den Begriff der Kraft aus der Mechanik zu eliminieren: „Das ist natürlich ein Unding, denn eine Mechanik ohne Kraftbegriff ist keine Mechanik."

[3]) Es ist vielleicht nicht uninteressant zu bemerken, daß in manchen Werken zur Geschichte der Physik die Persönlichkeit von HERTZ durch die Angabe seiner Leistungen auf dem Gebiet der Elektrodynamik, der Stoßtheorie und der Atomphysik (Lichtelektrischer Effekt, 1887) zwar gebührend gewürdigt, indessen die „HERTZsche Mechanik" überhaupt nicht erwähnt wird.

ein cartesisches Koordinatensystem so angenommen, daß P_1 und P_2 in seiner x, y-Ebene liegen. Sind dann x_1, y_1 bzw. x_2, y_2 die Koordinaten von P_1 bzw. P_2 und ist $y = y(x)$ die Gleichung einer durch $P_1(x_1, y_1)$ und $P_2(x_2, y_2)$ gehenden Kurve, so ist deren Bogenlänge s zwischen P_1 und P_2 bekanntlich

$$s = \int_{x_1}^{x_2} \sqrt{1+y'^2}\, dx \,. \tag{3,1}$$

Die Frage nach der kürzesten Verbindungslinie zwischen den beiden vorgegebenen Punkten $P_1(x_1, y_1)$ und $P_2(x_2, y_2)$ verlangt nun, aus der Gesamtheit aller Funktionen $y = y(x)$, die den Bedingungen

$$y(x_1) = y_1 \quad \text{und} \quad y(x_2) = y_2 \tag{3,2}$$

genügen, jenes spezielle $y = y(x)$ aufzusuchen, mit dessen Ableitung y' das bestimmte Integral (3,1) seinen kleinstmöglichen Wert annimmt. Es gilt also, die Forderung

$$s = \int_{x_1}^{x_2} \sqrt{1 + y'^2}\, dx = \text{Min.} \tag{3,3}$$

zu erfüllen.

Eine derartige Aufgabe ist ein einfaches Beispiel für ein *Variationsproblem.*

Um ein Variationsproblem symbolisch auszudrücken, bedient man sich des „Variationszeichens“ δ und schreibt statt (3,3):

$$\delta \int_{x_1}^{x_2} \sqrt{1 + y'^2}\, dx = 0 \,. \tag{3,4}$$

Der in einem Variationsproblem auftretende Integrand wird *Grundfunktion* genannt.

Das vorstehend angegebene Beispiel für ein Variationsproblem verlangt, ein von einer unbekannten Funktion $y = y(x)$ abhängiges Integral $J = J[y(x)]$ durch geeignete Wahl von $y = y(x)$ zu einem Minimum zu machen. Es wäre nun falsch, wenn man glauben würde, daß jedes Variationsproblem zu der Aufgabe führt, ein „Funktional“ $J = J[y(x)]$ zu minimalisieren. Wenngleich auch die Beantwortung vieler in den Anwendungen auftretender Fragen auf gerade jene Aufgabe hinausläuft, so schließt dies keineswegs aus, auch die Frage zu stellen, wann $J = J[y(x)]$ ein Maximum wird oder einen Sattelwert annimmt. Es soll daher, wenn weiterhin von einem Variationsproblem gesprochen wird, stets die Aufgabe gemeint sein, (im einfachsten Fall) eine Funktion $y = y(x)$ zu finden, mit der das Funktional J einen, wie man zusammenfassend sagt, *stationären* Wert (d. h. entweder ein Minimum oder ein Maximum oder einen Sattelwert (Wendepunkt)) annimmt.

Weil das Wort „stationär“ auch in der Physik, dort aber im Sinn von Zeitunabhängigkeit, verwendet wird, soll nachstehend — um Verwechslungen zu vermeiden — statt des in der Variationsrechnung gebräuchlichen Begriffes „stationärer Wert“ der Ausdruck „Extremwert“ — in dem eben angegebenen Sinn zu verstehen — verwendet werden.

2. Die EULERsche Gleichung: Um zu erörtern, wie ein Variationsproblem zu lösen ist, wollen wir von dem einfachen Fall ausgehen, daß die Grundfunktion F außer von $y = y(x)$, $y' = y'(x)$ nur noch von der unabhängigen Variablen x abhängt, d. h. daß

$$F = F(y', y, x) \tag{3,5}$$

ist. Dann handelt es sich um ein Variationsproblem, das symbolisch durch

$$\delta \int_{y_1}^{y_2} F(y' y, x)\, dx = 0 \tag{3,6}$$

gegeben ist.

Dieses Variationsproblem läßt sich nun auf eine elementare Extremwertaufgabe der Differentialrechnung zurückführen, indem die gesuchte Funktion $y = y(x)$ geometrisch als eine Kurve in der x, y-Ebene eines cartesischen Koordinatensystems gedeutet wird, die durch die Punkte $P_1(x_1, y_1)$ und $P_2(x_2, y_2)$ geht (Abb. 3,1). Außer $y = y(x)$ betrachten wir nun zu y benachbarte („variierte") Kurven $\bar{y} = \bar{y}(x)$, die ebenfalls durch P_1 und P_2 gehen. Man kann sich derartige „Nachbarkurven" $\bar{y}$ dadurch verschaffen, daß man der Funktion $y = y(x)$ eine beliebige (aber „vernünftige") andere Funktion $\eta = \eta(x)$ überlagert, wobei jedoch — damit der erforderliche Durchgang durch P_1 und P_2 gesichert ist — η die „Randbedingungen"

$$\eta(x_1) = \eta(x_2) = 0 \tag{3,7}$$

erfüllen muß. Eine solche durch P_1 und P_2 gehende Kurvenschar (Abb. 3,1) wird durch

$$\bar{y}(x, \varepsilon) = y(x) + \varepsilon \cdot \eta(x) \tag{3,8}$$

beschrieben, wobei ε einen Parameter (mit kleinem Betrag) bedeutet. Die Kurvenschar (3,8) enthält die gesuchte Kurve $y = y(x)$ als Sonderfall für $\varepsilon = 0$.

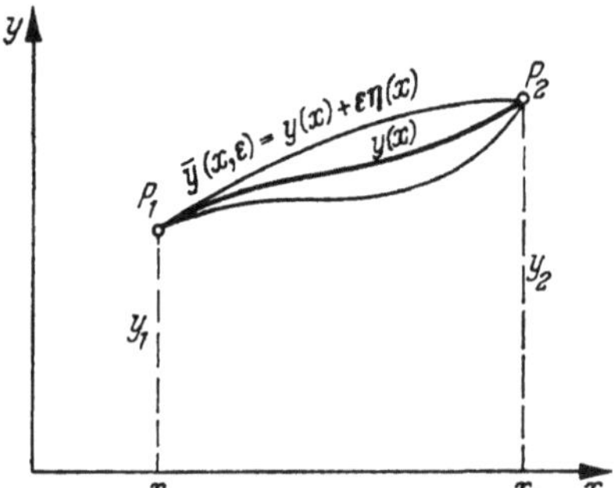

Abb. 3,1: Die Kurve $y = y(x)$ und „variierte" Kurven.

Setzt man in (3,6) für y die Funktion $\bar{y}$ nach (3,8) ein, so wird das Integral eine Funktion von ε:

$$\Phi(\varepsilon) = \int_{x_1}^{x_2} F(y' + \varepsilon\eta', y + \varepsilon\eta, x)\, dx\,. \tag{3,9}$$

Von $\Phi(\varepsilon)$ weiß man, daß es einen Extremwert für $\varepsilon = 0$ annimmt, weil dann $\bar{y} = y$, d. h. gerade die gesuchte Funktion ist, die das Integral in (3,6) zu einem

Extremwert macht. Die Bedingung, der y zu genügen hat, ist also nach einer wohlbekannten Regel aus der Differentialrechnung

$$\left(\frac{d\Phi(\varepsilon)}{d\varepsilon}\right)_{\varepsilon=0} = \Phi'(0) = 0. \tag{3,10}$$

Führt man die durch (3,10) geforderte Differentiation in (3,9) aus, so erhält man

$$\frac{d\Phi(\varepsilon)}{d\varepsilon} = \int_{x_1}^{x_2} \left\{ \frac{\partial F}{\partial(y'+\varepsilon\eta')} \cdot \frac{d(y'+\varepsilon\eta')}{d\varepsilon} + \frac{\partial F}{\partial(y+\varepsilon\eta)} \cdot \frac{d(y+\varepsilon\eta)}{d\varepsilon} \right\} dx \tag{3,11}$$

$$= \int_{x_1}^{x_2} \left\{ \eta' \frac{\partial F}{\partial(y'+\varepsilon\eta')} + \eta \frac{\partial F}{\partial(y+\varepsilon\eta)} \right\} dx. \tag{3,12}$$

Setzt man in dem letzten Ausdruck nun $\varepsilon = 0$, so wird

$$\int_{x_1}^{x_2} \left\{ \eta' \frac{\partial F}{\partial y'} + \eta \frac{\partial F}{\partial y} \right\} dx = 0. \tag{3,13}$$

Der erste Summand im vorstehenden Integranden läßt sich mittels partieller Integration umformen:

$$\int_{x_1}^{x_2} \frac{\partial F}{\partial y'} \eta' \, dx = \frac{\partial F}{\partial y'} \eta(x) \Big|_{x_1}^{x_2} - \int_{x_1}^{x_2} \eta \frac{d}{dx} \frac{\partial F}{\partial y'} dx. \tag{3,14}$$

Da in diesem Ausdruck der „ausintegrierte" Term wegen der „Randbedingung" (3,7) verschwindet, ergibt sich mit (3,14) aus (3,13):

$$\int_{x_1}^{x_2} \eta(x) \left(\frac{d}{dx} \frac{\partial F}{\partial y'} - \frac{\partial F}{\partial y} \right) dx = 0. \tag{3,15}$$

Diese Gleichung kann — bestimmte Stetigkeitseigenschaften von $\eta(x)$ vorausgesetzt — auf Grund eines von DU BOIS-REYMOND[1]) gefundenen Satzes, der in der Literatur meistens als *Fundamentallemma der Variationsrechnung* bezeichnet wird, **nur** dann bestehen, wenn

$$\frac{d}{dx} \frac{\partial F}{\partial y'} - \frac{\partial F}{\partial y} = 0 \tag{3,16}$$

ist (vgl. hierzu z. B. [2], [4], [13]).

Es ist die zuletzt angegebene Gleichung eine — wie die ins einzelne gehende mathematische Analyse zeigt, nur notwendige — Bedingung, der die gesuchte Funktion $y = y(x)$ genügen muß, damit das in (3,6) auftretende bestimmte Integral einen Extremwert annimmt.

[1]) Paul DU BOIS-REYMOND: * 1831 in Berlin, † 1889 in Tübingen.

Man nennt (3,16) die zu dem Variationsproblem (3,6) gehörige EULERsche *Gleichung*, für die vielfach kurz

$$[F]_y \equiv \frac{d}{dx}\frac{\partial F}{\partial y'} - \frac{\partial F}{\partial y} = 0 \tag{3,17}$$

geschrieben wird. Für das Symbol $[F]_y$ sind die Bezeichnungen *Funktional-*, *Variations-* oder auch EULERsche *Ableitung* gebräuchlich.

Die EULERsche Gleichung (3,17) ist eine gewöhnliche Differentialgleichung 2. Ordnung für $y = y(x)$. Dies wird ersichtlich, wenn man die in (3,17) angegebene Differentiation nach x ausführt. Beachtet man, daß

$$F = F(y'(x), y(x), x) \tag{3,18}$$

ist und $\partial F/\partial y'$ im allgemeinen ebenfalls von y', y und x abhängt, so lautet (3,17) ausführlich geschrieben:

$$\frac{\partial^2 F}{\partial y'^2} y''(x) + \frac{\partial^2 F}{\partial y'\,\partial y} y'(x) + \frac{\partial^2 F}{\partial y'\,\partial x} - \frac{\partial F}{\partial y} = 0\,. \tag{3,19}$$

Dies ist, da F vorgegeben ist und deswegen die in (3,19) auftretenden partiellen Differentialquotienten bekannt sind — so wie behauptet —, eine gewöhnliche Differentialgleichung 2. Ordnung für die gesuchte Funktion $y = y(x)$, sofern die „LEGENDREsche Bedingung"

$$\frac{\partial^2 F}{\partial y'^2} \neq 0 \tag{3,20}$$

erfüllt ist. Dies sei im folgenden stets als erfüllt vorausgesetzt. Jede Lösung der EULERschen Gleichung (3,17) nennt man nach KNESER[1]) eine *Extremale* des Variationsproblems (3,6).

3. Die Variation: Bei der im vorstehenden Abschnitt angegebenen Herleitung der EULERschen Gleichung (3,17) wurde wesentlich davon Gebrauch gemacht, daß die zu ermittelnde Extremale $y = y(x)$ des Variationsproblems (3,6) in der Kurvenschar

$$\bar{y}(x, \varepsilon) = y(x) + \varepsilon \cdot \eta(x) \tag{3,21}$$

enthalten ist und sich daraus für den Sonderfall $\varepsilon = 0$ ergibt. Den Unterschied δy zwischen der „variierten" Kurve $\bar{y} = \bar{y}(x, \varepsilon)$ und der gesuchten Funktion $y = y(x)$, d. h. die Differenz

$$\bar{y}(x, \varepsilon) - y(x) = \varepsilon \cdot \eta(x) \equiv \delta y\,, \tag{3,22}$$

nennt man die *Variation der Funktion* $y = y(x)$. Sie ist ein Sonderfall einer „allgemeineren" Variation, die mit Δy bezeichnet wird. Darunter versteht man zwar wiederum die Differenz zwischen den Ordinaten einer variierten Kurve $\bar{y}$ und der gesuchten Extremalen y, diesmal jedoch für verschiedene Werte der Argumente

[1]) ADOLF KNESER: * 1862 in Dorpat, † 1930 in Breslau.

dieser Funktionen. Nennt man die beiden Argumente x bzw. $\bar{x} = x + \Delta x$, so ist die „allgemeinere" Variation durch

$$\Delta y = \bar{y}(\bar{x}) - y(x) = \bar{y}(x + \Delta x) - y(x) \tag{3,23}$$

definiert, mit $\Delta x \neq 0$, siehe Abb. 3,2.

Wichtig ist für eine später durchzuführende Rechnung die Bemerkung, daß man Δy und Δx als differenzierbare Funktionen von x ansieht, so daß deren Ableitungen nach der Unabhängigen x sinnvolle Größen sind.

Aus den Definitionsgleichungen (3,22) und (3,23) für die Variationen δy und Δy folgt, daß es sich bei diesen im allgemeinen um zwei verschiedene Größen

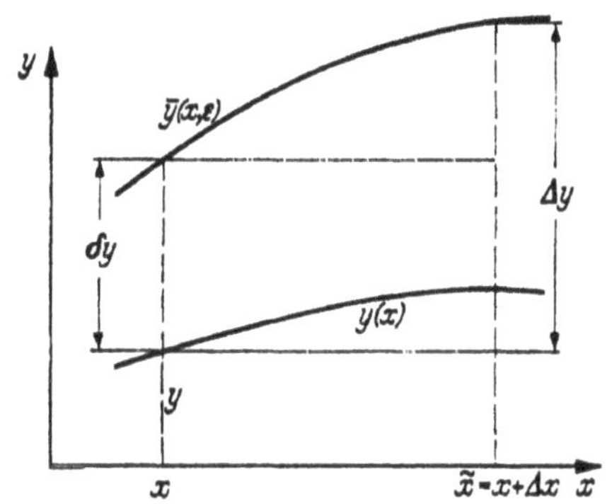

Abb. 3,2: Veranschaulichung der Variationen δy und Δy.

handelt. Einen ersten Unterschied zwischen δy und Δy veranschaulicht Abb. 3,2, aus der ersichtlich ist, daß im allgemeinen δy und Δy verschiedene Beträge haben:

$$|\delta y| \neq |\Delta y|\,. \tag{3,24}$$

Ein anderer Unterschied zwischen den beiden Variationen besteht in einer Vertauschungseigenschaft, die nur δy, nicht dagegen Δy zukommt. Um dieses einzusehen, setze man zunächst in (3,22) an Stelle der Funktion y ihre Ableitung y' ein. Dies ergibt für deren Variation

$$\delta y' = \bar{y}'(x, \varepsilon) - y'(x) = \varepsilon \cdot \eta'(x)\,. \tag{3,25}$$

Andererseits liefert (3,22), wenn diese Gleichung nach x differenziert wird,

$$\frac{d}{dx}\,\delta y = \bar{y}'(x, \varepsilon) - y'(x) = \varepsilon \cdot \eta'(x)\,. \tag{3,26}$$

Ein Vergleich mit (3,24) ergibt, daß

$$\delta y' = \frac{d}{dx}\,\delta y \tag{3,27}$$

oder

$$\delta\,\frac{dy}{dx} = \frac{d}{dx}\,\delta y \tag{3,28}$$

ist, und d. h.: das Variationssymbol δ ist mit dem Differentiationssymbol (dem Operator) d/dx vertauschbar.

Daß diese Vertauschbarkeit indessen nicht für Δ und d/dx gültig ist, wird ersichtlich, indem man zunächst in (3,23) die Funktion $\bar{y}$ in eine TAYLORsche Reihe entwickelt. Man erhält

$$\Delta y = \bar{y}(x) + \Delta x \cdot \bar{y}'(x) + \dots - y(x) . \tag{3,29}$$

Hierfür kann nach (3,21/22) auch

$$\Delta y = \delta y + \Delta x \cdot \frac{d}{dx}[y(x) + \varepsilon \cdot \eta(x)] + \dots \tag{3,30}$$

$$= \delta y + y'(x) \cdot \Delta x + \varepsilon \cdot \eta'(x) \cdot \Delta x + \dots \tag{3,31}$$

geschrieben werden. Die Punkte in den letzten drei Gleichungen stehen an Stelle von Gliedern, die „klein von höherer Ordnung" sind, das sind Glieder, die eine Potenz $(\Delta x)^n$ mit $n \geqq 2$ enthalten.

Setzt man nun in (3,31) statt der Funktion y ihre Ableitung $y' = dy/dx$ ein, so wird einerseits

$$\Delta y' = \delta y' + y'' \cdot \Delta x + \varepsilon \cdot \eta''(x) \cdot \Delta x + \dots \tag{3,32}$$

Andererseits ergibt Differentiation von (3,31) nach x und Beachtung von (3,27):

$$\frac{d}{dx}\Delta y = \frac{d}{dx}\delta y + y'' \cdot \Delta x + y' \frac{d\Delta x}{dx} + \dots \tag{3,33}$$

$$= \delta y' + y'' \Delta x + y' \frac{d\Delta x}{dx} + \dots, \tag{3,34}$$

wobei nun die Punkte auch das in (3,31) noch angegebene Glied mit dem Faktor ε einschließen. Subtrahiert man (3,32) von (3,34), so führt dies zu

$$\frac{d}{dx}\Delta y - \Delta \frac{dy}{dx} = y' \frac{d\Delta x}{dx} + \dots \tag{3,35}$$

Aus dieser Gleichung ist die eingangs behauptete Nichtvertauschbarkeit der Operationen Δ und d/dx klar zu erkennen.

Unterdrückt man in (3,35) alle mit einer Potenz ε^n, $n \geqq 1$, behafteten Glieder (d. h. betrachtet man, wie in Abschnitt 2 dieses Kapitels, insbesondere den Fall $\varepsilon \to 0$), so geht (3,35) in

$$\frac{d}{dx}\Delta y = \Delta \frac{dy}{dx} + y' \frac{d\Delta x}{dx} \tag{3,36}$$

über. Durch diese Gleichung wird meistens die Nichtvertauschbarkeit von Δ und d/dx ausgedrückt.

4. Sonderfälle: Wenn in der Grundfunktion F nicht alle drei Variablen y', y und x gleichzeitig auftreten, so liegen Sonderfälle des Variationsproblems (3,6) vor, von denen für die Physik die folgenden von Interesse sind:

a) Die Grundfunktion hänge von y nicht explizit ab, es ist also

$$F = F(y', x)\,. \tag{3,37}$$

Dann ist nach (3,17)

$$\frac{d}{dx}\frac{\partial F}{\partial y'} = 0\,, \tag{3,38}$$

d. h. der Ausdruck

$$\frac{\partial F}{\partial y'} = \text{const} \tag{3,39}$$

ist ein „intermediäres" (das erste) Integral von (3,17).

b) Die Grundfunktion enthalte die Unabhängige x nicht explizit, es ist also

$$F = F(y', y)\,. \tag{3,40}$$

In diesem Fall ist nach (3,19):

$$\frac{\partial^2 F}{\partial y'^2} y'' + \frac{\partial^2 F}{\partial y'\,\partial y} y' - \frac{\partial F}{\partial y} = 0\,. \tag{3,41}$$

Multipliziert man diese Gleichung zunächst mit y' und fügt dann $\pm\, y'' \cdot \partial F/\partial y'$ hinzu, so erhält man

$$y'' \frac{\partial F}{\partial y'} + y' \left(\frac{\partial^2 F}{\partial y'^2} y'' + \frac{\partial^2 F}{\partial y'\,\partial y} y'\right) - \left(\frac{\partial F}{\partial y'} y'' + \frac{\partial F}{\partial y} y'\right) = 0\,, \tag{3,42}$$

was man in

$$\frac{d}{dx}\left(y' \frac{\partial F}{\partial y'} - F\right) = 0 \tag{3,43}$$

zusammenfassen kann. Hieraus folgt, daß

$$y' \frac{\partial F}{\partial y'} - F = \text{const} \tag{3,44}$$

ebenfalls ein intermediäres Integral von (3,19) ist, das aus später ersichtlichen Gründen als Energieintegral bezeichnet wird.

5. Verallgemeinerungen: Sieht man von den vorstehend behandelten Sonderfällen ab, so wird durch (3,6) das einfachste (wie man oft sagt: ebene) Variationsproblem ausgedrückt, daß sich nach verschiedenen Richtungen hin verallgemeinern läßt. So kann z. B. der Fall vorliegen, daß ein Variationsproblem unter Beachtung einer oder vielleicht auch mehrerer Nebenbedingungen zu lösen ist; man kann Grundfunktionen betrachten, die nicht nur von einer, sondern von $n > 1$ zu bestimmenden Funktionen $y_1 = y_1(x)$, $y_2 = y_2(x)$, $\ldots$, $y_n = y_n(x)$ abhängen (Sonderfall für $n = 2$: sog. räumliche Variationsprobleme); es können weiterhin in F neben y' auch y'', y''' auftreten; es kann $y = y(x_1, x_2, \ldots)$ sein, d. h. es liegen mehrere Unabhängige vor u.a.m. Nachstehend geben wir einige derartige „höhere" Variationsprobleme und die zu ihnen gehörigen Eulerschen Gleichungen an.

a) Die Grundfunktion hänge von n Unbekannten $y_i = y_i(x)$, $i = 1, 2, \ldots, n$, ab, und das Variationsproblem laute:

$$\delta \int_{x_1}^{x_2} F(y'_1, y'_2, \ldots, y'_n, y_1, y_2, \ldots, y_n, x)\, dx = 0\,. \tag{3,45}$$

Die gesuchten n Funktionen sind dann aus den n Eulerschen Gleichungen

$$[F]y_i \equiv \frac{d}{dx}\frac{\partial F}{\partial y_i'} - \frac{\partial F}{\partial y_i} = 0\,, \quad i = 1, 2, \ldots, n \tag{3,46}$$

zu bestimmen.

Treten einige der n unbekannten Funktionen y_i, $i = 1, 2, \ldots, n$, in F nicht explizit auf, so folgt, wenn etwa y_j eine derartige „ignorable Koordinate" ist, aus (3,46), daß

$$\frac{\partial F}{\partial y_j'} = c_j \;(= \text{const}) \tag{3,47}$$

ist. Dieser Ausdruck ist das Analogon zu (3,39).

Erscheint in (3,45) die Unabhängige x nicht explizit, so erhält man, durch geringfügige Änderung der Überlegung, die von (3,40) zu (3,44) führt, als deren Analogon

$$\sum_{i=1}^{n} y_i' \frac{\partial F}{\partial y_i'} - F = \text{const}\,. \tag{3,48}$$

Dieser Ausdruck ist eine Verallgemeinerung des speziellen „Energieintegrals" (3,44).

b) Im Gegensatz zu bisher handele es sich nun um die Aufgabe, den Extremwert eines mehrfachen bestimmten Integrals zu ermitteln. Im einfachsten Fall — auf den wir uns hier beschränken wollen, weil er sich unschwer verallgemeinern läßt — bedeutet dies, den Extremwert des über ein Gebiet G erstreckten Doppelintegrals

$$J = \iint_G F\, du\, dv \tag{3,49}$$

zu bestimmen, wobei u und v unabhängige Variablen sind. In (3,49) ist die Grundfunktion F im allgemeinen von einer zu bestimmenden Funktion

$$y = y(u, v) \tag{3,50}$$

und ihren Ableitungen abhängig.

Wir wollen hier allein den Fall behandeln, daß F außer von den Unabhängigen u und v nur von y und den ersten (partiellen) Ableitungen dieser Funktion abhängt:

$$F = F\left(y, \frac{\partial y}{\partial u}, \frac{\partial y}{\partial v}, u, v\right). \tag{3,51}$$

Dann liegt die Aufgabe vor, daß Integral

$$J = \iint_G F\left(y, \frac{\partial y}{\partial u}, \frac{\partial y}{\partial v}, u, v\right) du\, dv \tag{3,52}$$

durch geeignete Wahl von y zu einem Extremwert zu machen. Dabei ist die Funktion $y = y(u, v)$ auf dem Rand R des Gebietes G als vorgegeben anzusehen.

Die notwendige Bedingung dafür, daß das Integral (3,74) einen Extremwert annimmt, ergibt sich — in Analogie zu (3,10) — aus

$$\left(\frac{\partial \Phi(\varepsilon)}{\partial \varepsilon}\right)_{\varepsilon = 0} = 0 . \tag{3,53}$$

Hierbei bedeutet nun

$$\Phi(\varepsilon) = J[\bar{y}(u, v)] \tag{3,54}$$

$$= J[y(u, v) + \varepsilon \eta(u, v)] \tag{3,55}$$

mit der beliebigen (aber „vernünftigen") Funktion

$$\eta = \eta(u, v) , \tag{3,56}$$

von der nur noch verlangt wird, daß sie auf der Berandung R von G verschwindet:

$$\{\eta(u, v)\}_R = 0 . \tag{3,57}$$

Diese Forderung ist das zweidimensionale Gegenstück zu (3,7).

Aus der Forderung (3,53) ergibt sich auf einem etwas ähnlichen Wege, der im Anschluß an (3,10) beschritten wurde — vgl. hierzu etwa [2] —, als die zu dem hier betrachteten Variationsproblem gehörige Eulersche Gleichung

$$\frac{\partial F}{\partial y} - \frac{\partial}{\partial u}\frac{\partial F}{\partial y_u} - \frac{\partial}{\partial v}\frac{\partial F}{\partial y_v} = 0 , \tag{3,58}$$

wobei die Abkürzungen

$$y_u = \frac{\partial y}{\partial u} , \qquad y_v = \frac{\partial v}{\partial v} \tag{3,59}$$

bedeuten. Unter Beachtung von (3,51) lautet (3,58) ausführlich geschrieben:

$$\begin{aligned} \frac{\partial F}{\partial y} - \frac{\partial^2 F}{\partial y_u \partial y}\frac{\partial y}{\partial u} - \frac{\partial^2 F}{\partial y_u^2}\frac{\partial^2 y}{\partial u^2} - 2\frac{\partial^2 F}{\partial y_u \partial y_v}\frac{\partial^2 y}{\partial u \partial v} - \frac{\partial^2 F}{\partial y_u \partial u} \\ - \frac{\partial^2 F}{\partial y_v \partial y}\frac{\partial y}{\partial v} - \frac{\partial^2 F}{\partial y_v^2}\frac{\partial^2 y}{\partial v^2} - \frac{\partial^2 F}{\partial y_v \partial v} = 0 . \end{aligned} \tag{3,60}$$

Dieses ist, da F bekannt ist — (3,51) —, eine partielle Differentialgleichung für $y = y(u, v)$, im Gegensatz zur Eulerschen Gleichung (3,16), die eine gewöhnliche Differentialgleichung — für $y = y(x)$ — ist.

c) Wenn die Grundfunktion F auch zweite Ableitungen von $y = y(u, v)$ enthält, also von der Form

$$F = F\left(\frac{\partial^2 y}{\partial u^2}, \frac{\partial^2 y}{\partial v^2}, \frac{\partial^2 y}{\partial u \partial v}, \frac{\partial y}{\partial u}, \frac{\partial y}{\partial v}, y, u, v\right) \tag{3,61}$$

ist, so ist die zu

$$\delta \iint_G F(\ldots)\, du\, dv = 0 \tag{3,62}$$

gehörende EULERsche Gleichung

$$\frac{\partial F}{\partial y} - \frac{\partial}{\partial u}\frac{\partial F}{\partial y_u} - \frac{\partial}{\partial v}\frac{\partial F}{\partial y_v} + \frac{\partial^2}{\partial u^2}\frac{\partial F}{\partial y_{uu}} + 2\frac{\partial^2}{\partial u\,\partial v}\frac{\partial F}{\partial y_{uv}} + \frac{\partial^2}{\partial v^2}\frac{\partial F}{\partial y_{vv}} = 0\,. \tag{3,63}$$

Hierbei bedeuten

$$y_{uu} = \frac{\partial^2 y}{\partial u^2} \tag{3,64}$$

$$y_{uv} = \frac{\partial^2 y}{\partial u\,\partial v} \tag{3,65}$$

$$y_{vv} = \frac{\partial^2 y}{\partial v^2}\,. \tag{3,66}$$

Die EULERsche Gleichung (3,63) ist im allgemeinen eine partielle Differentialgleichung 4. Ordnung für $y = y\,(u, v)$.

B. Die Prinzipe der Mechanik

4. Nebenbedingungen

Die jeweilige Lage eines Massenpunktes m ist dann eindeutig beschrieben, wenn man die drei Komponenten x, y, z des Ortsvektors $\mathfrak{r} = \{x, y, z\}$ von m kennt. Sind diese voneinander unabhängig, d. h. bestehen zwischen x, y, z keine Verknüpfungsgleichungen, so heißt m ein *freier* Massenpunkt. Grundsätzlich kann ein solcher während einer Bewegung an jeden beliebigen Ort gelangen. Man sagt dann, daß m eine freie (ungebundene oder uneingeschränkte) Bewegung auszuführen vermag. So ist es z. B. möglich, einen Massenpunkt im Erdfeld von einer beliebigen Anfangslage aus in jeden beliebigen anderen Punkt des Erdfeldes gelangen zu lassen, wenn nur die Anfangsgeschwindigkeit $\dot{\mathfrak{r}}(0) = \mathfrak{v}_0$ geeignet gewählt wird.

Es gibt aber auch Fälle, in denen ein Massenpunkt bei einer Bewegung an bestimmte Punkte des Raumes oder gar in Teile desselben nicht gelangen kann, weil gewisse Eigenarten des betrachteten Vorganges die Bewegungsfreiheit von m *einschränken*. Man spricht in solchen Fällen von einem *unfreien* Massenpunkt bzw. von dessen unfreier (gebundener oder eingeschränkter) Bewegung. Eine solche kommt dadurch zustande, daß durch die eben erwähnten Eigenarten des Bewegungsvorganges der Massenpunkt m gezwungen wird, gewissen Forderungen zu genügen, die man *Nebenbedingungen* (auch Zwangsbedingungen oder Bindungen) nennt.

Ein *Beispiel* hierfür ist ein Massenpunkt m, der sich nur auf einer schiefen Ebene bewegen kann. Wie auch die Bewegung von m verlaufen möge, so hat sein Ortsvektor $\mathfrak{r}$ stets die Gleichung einer Ebene zu erfüllen. Wird sie in der Hesseschen Normalform geschrieben, so lautet in diesem Fall die Nebenbedingung

$$F(\mathfrak{r}) = \mathfrak{n}^0 \cdot \mathfrak{r} - d = 0 . \tag{4,1}$$

Hierbei bedeutet $\mathfrak{n}^0$ den Normaleneinheitsvektor der Ebene und d die Länge des Lotes von dem Koordinatenursprung auf die Ebene.

Das vorstehend angegebene Beispiel ist ein Sonderfall von Bewegungen, die einer Nebenbedingung von der Form

$$F(\mathfrak{r}) = 0 \tag{4,2}$$

unterliegen. Durch diese Gleichung wird eine Fläche beschrieben. Es ist daher die Forderung, daß m während einer Bewegung die Nebenbedingung (4,2) erfüllen soll, anschaulich gesprochen, gleichbedeutend damit, daß sich m dauernd auf der Fläche (4,2) befinden muß („an die Fläche gebunden ist"). Anders ausgedrückt bedeutet dies, daß von den drei Komponenten von $\mathfrak{r} = \{x, y, z\}$ nur noch zwei unabhängig sind. Denn hat man zwei, etwa x und y, gewählt, so ist z durch (4,2) festgelegt. Aus ihr folgt nämlich durch Auflösung

$$z = \varphi(x, y). \tag{4,3}$$

Das Vorliegen einer Nebenbedingung vermindert also die Zahl der unabhängigen Lagekoordinaten eines Massenpunktes um eins.

Man nennt nun die Zahl f der *unabhängigen* Angaben (Koordinaten), die zur eindeutigen Festlegung der Lage eines Systems erforderlich sind, die *Zahl der Freiheitsgrade* des betrachteten Systems. Ein freier Massenpunkt m, das einfachste mechanische System, hat nach dem eingangs Gesagten, $f = 3$ Freiheitsgrade. Ist jedoch die Bewegungsfreiheit von m durch das Vorliegen einer Nebenbedingung eingeschränkt, so wird durch diese die Zahl der Freiheitsgrade von m um eins, also auf $f = 2$ verringert.

Diese Aussage gilt allgemein: Durch je eine Nebenbedingung, die ein Punktsystem zu erfüllen hat, wird die Anzahl seiner Freiheitsgrade um je eins vermindert.

Ein aus n Massenpunkten m_i ($i = 1, 2, \ldots, n$) bestehendes System hat, wenn alle m_i frei sind, $f = 3n$ Freiheitsgrade. Ist das Punktsystem bei einer Bewegung indessen den r Nebenbedingungen[1])

$$F_j(\mathfrak{r}_1, \mathfrak{r}_2, \ldots, \mathfrak{r}_n) = 0, \qquad j = 1, 2, \ldots, r \tag{4,4}$$

unterworfen, so hat es nur noch

$$f = 3n - r \tag{4,5}$$

Freiheitsgrade.

Damit das System überhaupt einer Bewegung fähig ist, muß $r < 3n$ sein, was im folgenden stets vorausgesetzt werde.

Während die Funktion F in (4,2) nur von dem Ortsvektor $\mathfrak{r}$ von m abhängt, kann auch der Fall eintreten, daß in den Nebenbedingungen neben $\mathfrak{r}$ auch die Zeit t explizit auftritt. Dann hat die Nebenbedingung die Form

$$F(\mathfrak{r}, t) = 0 \tag{4,6}$$

Diese Gleichung kann als eine sich bewegende Fläche gedeutet werden.

Wir bemerken, daß Nebenbedingungen nicht unbedingt die Form einer Gleichung haben müssen, sondern auch Ungleichungen sein können. Sind die Neben-

[1]) Vgl. hierzu Kapitel 5, Abschnitt 3.

bedingungen Gleichungen, so spricht man gelegentlich von „zweiseitigen" Bindungen, beim Vorliegen von Ungleichungen dagegen von „einseitigen" Bindungen.

Um den Unterschied zwischen (4,6) und (4,2) zum Ausdruck zu bringen, nennt man nach BOLTZMANN[1]) die Bedingungsgleichung (4,6) eine *rheonome* („fließende") Nebenbedingung, im Gegensatz zu (4,2), die als *skleronome* („starre") Nebenbedingung bezeichnet wird. Darüber hinaus nennt man Bedingungen von der Form (4,2) und (4,6) nach H. HERTZ[2]) *holonome* („ganzgesetzliche") Nebenbedingungen, wenn in sie allein die Komponenten des Ortsvektors $\mathfrak{r}$ von m eingehen. Dagegen spricht man von einer *nichtholonomen*, skleronomen bzw. rheonomen Nebenbedingung, wenn in ihr auch die Geschwindigkeit $\dot{\mathfrak{r}}$ von m auftritt, d. h. die Nebenbedingung die Form

$$F(\mathfrak{r}, \dot{\mathfrak{r}}) = 0 \tag{4,7}$$

bzw.

$$F(\mathfrak{r}, \dot{\mathfrak{r}}, t) = 0 \tag{4,8}$$

hat.

Im Hinblick auf die Anwendungen interessieren fast ausschließlich solche Nebenbedingungen, in die die Komponenten von $\dot{\mathfrak{r}}$ *linear* eingehen. Dann handelt es sich um die Ausdrücke

$$f_1(\mathfrak{r})\,\dot{x} + f_2(\mathfrak{r})\,\dot{y} + f_3(\mathfrak{r})\,\dot{z} = 0 \tag{4,9}$$

bzw.

$$\varphi_1(\mathfrak{r}, t)\,\dot{x} + \varphi_2(\mathfrak{r}, t)\,\dot{y} + \varphi_3(\mathfrak{r}, t)\,\dot{z} + \varphi_4(\mathfrak{r}, t) = 0\,. \tag{4,10}$$

Für diese beiden Gleichungen kann man, nach Multiplikation mit dt, auch

$$f_1(\mathfrak{r})\,dx + f_2(\mathfrak{r})\,dy + f_3(\mathfrak{r})\,dz = 0 \tag{4,11}$$

bzw.

$$\varphi_1(\mathfrak{r}, t)\,dx + \varphi_2(\mathfrak{r}, t)\,dy + \varphi_3(\mathfrak{r}, t)\,dz + \varphi_4(\mathfrak{r}, t)\,dt = 0 \tag{4,12}$$

schreiben.

Sind diese Differentialausdrücke (PFAFFsche Formen) totale Differentiale oder lassen sie sich nach Multiplikation mit einem integrierenden Faktor in totale Differentiale überführen, d. h. gilt für (4,11/12) die Darstellung

$$df = f_1\,dx + \ldots = 0 \tag{4,13}$$

bzw.

$$d\varphi = \varphi_1\,dx + \ldots = 0\,, \tag{4,14}$$

[1]) Ludwig BOLTZMANN: * 1844 in Wien, † 1906 in Duino.
[2]) Heinrich HERTZ: * 1857 in Hamburg, † 1894 in Bonn.

so werden (4,13/14) als holonome (skleronome bzw. rheonome) Nebengleichungen bezeichnet, weil sie sich durch Integration auf die holonome Form (4,2) bzw. (4,6) bringen lassen. Sind dagegen (4,11/12) *nicht*totale Differentiale, die *keinen* integrierenden Faktor besitzen, so nennt man (4,11/12) nichtholonome (skleronome bzw. rheonome) Nebenbedingungen. Um sie formal als solche zu kennzeichnen, schreiben wir nach VOIGT[1]) für nichttotale Differentiale

(4,15) $$\bar{d}f = f_1\,dx + \ldots f_3\,dz = 0$$

bzw.

(4,16) $$\bar{d}\varphi = \varphi_1\,dx + \ldots \varphi_4\,dt = 0\,.$$

Beschränkt man sich auf den Fall, daß in den Nebenbedingungen $\dot{\mathfrak{r}}$ nur linear auftritt, so ergibt sich im Anschluß an (4,11/12) folgende Klassifikation. Eine Nebenbedingung heißt:

nichtholonom-rheonom: wenn $\varphi_1, \varphi_2, \varphi_3, \varphi_4$ Funktionen von $\mathfrak{r}$ und t sind, (4,12) nichtintegrierbar ist und auch kein integrierender Faktor existiert;

nichtholonom-skleronom: wenn $\varphi_1 = f_1(\mathfrak{r}), \ldots$ Funktionen nur von $\mathfrak{r}$ sind, $\varphi_4 = 0$, die sich dann ergebende Differentialform (4,11) nichtintegrierbar ist und auch kein integrierender Faktor existiert;

holonom-rheonom: wenn es eine Funktion $F = F(\mathfrak{r}, t)$ gibt, so daß

(4,17) $$\frac{\partial F}{\partial x} = \varphi_1, \ldots, \frac{\partial F}{\partial t} = \varphi_4 \neq 0$$

ist;

holonom-skleronom: wenn $\varphi_4 = 0$ ist und eine nur von $\mathfrak{r}$ abhängige Funktion $f = f(\mathfrak{r})$ existiert, so daß

(4,18) $$\frac{\partial f}{\partial x} = \varphi_1 = f_1(\mathfrak{r}), \ldots$$

ist.

5. Das Prinzip der virtuellen Verschiebung

1. *Gleichgewicht eines freien Massenpunktes.* Wenn an einem Massenpunkt m mehrere Kräfte $\mathfrak{K}_1, \mathfrak{K}_2, \ldots, \mathfrak{K}_n$ angreifen, so werden sie im allgemeinen m eine Beschleunigung erteilen. In dem Sonderfall jedoch, daß das Kräftesystem so beschaffen ist, daß m keine Beschleunigung erfährt, sagt man: Der Massenpunkt m ist im *Gleichgewicht*. Wir fragen

[1]) Woldemar VOIGT: * 1850 in Leipzig, † 1919 in Gießen.

nach der Bedingung, der die Kräfte zu genügen haben, damit Gleichgewicht herrscht. Sie ergibt sich aus der Bewegungsgleichung (1,1), indem man in ihr die Beschleunigung $\ddot{\mathfrak{r}} = 0$ setzt. Das liefert

$$\mathfrak{K} = 0 \tag{5,1}$$

oder

$$\mathfrak{K} = \sum_{i=1}^{n} \mathfrak{K}_i = 0\,. \tag{5,2}$$

Die Gleichgewichtsbedingung (5,1) kann man — zunächst rein formal — auch anders schreiben, indem man sie mit einem beliebigen (nichtverschwindenden) Vektor $\delta\,\mathfrak{r}$ skalar multipliziert. Dies ergibt

$$\mathfrak{K} \cdot \delta\,\mathfrak{r} = 0\,. \tag{5,3}$$

Wegen der ausdrücklich vorausgesetzten Willkür von $\delta\,\mathfrak{r}$ hat diese Gleichung als einzige Lösung $\mathfrak{K} = 0$. Wir können demnach die Gleichgewichtsbedingung (5,1) auch in der Form (5,3) schreiben.

Man kann dieser Gleichung, die zunächst — wegen der Unbestimmtheit von $\delta\,\mathfrak{r}$ — nicht interpretierbar ist, einen physikalischen Inhalt geben, indem man $\delta\mathfrak{r}$ als *virtuelle Verschiebung* des Massenpunktes m deutet. Hierunter wollen wir eine gedachte (infinitesimal kleine) Verschiebung verstehen, durch die m aus seiner tatsächlichen Lage, beschrieben durch den Ortsvektor $\mathfrak{r}$, in eine Nachbarlage, beschrieben durch den Ortsvektor $\mathfrak{r} + \delta\,\mathfrak{r}$, gebracht wird. Wir betonen, daß die virtuelle Verschiebung $\delta\,\mathfrak{r}$ in Wirklichkeit nicht ausgeführt wird, sondern nur gedacht ist. Dadurch ist die Möglichkeit gegeben, die tatsächliche Lage $\mathfrak{r}$ von m mit einer Nachbarlage $\mathfrak{r} + \delta\,\mathfrak{r}$ zur *selben* Zeit t zu vergleichen. Da zu jeder wirklichen Verschiebung stets eine gewisse Zeit benötigt wird, kennzeichnet man eine virtuelle Verschiebung auch dadurch, daß man sagt: $\delta\,\mathfrak{r}$ „verläuft nicht in der Zeit“ oder $\delta\,\mathfrak{r}$ „ist zeitlos“.

Ist $\delta\mathfrak{r}$ eine virtuelle Verschiebung, so ist (5,3) eine *virtuelle Arbeit:*

$$\delta A = \mathfrak{K} \cdot \delta\,\mathfrak{r}\,. \tag{5,4}$$

Man kann daher die Gleichgewichtsbedingung (5,1) durch

$$\delta A = 0 \tag{5,5}$$

ersetzen und sagen: Ein Massenpunkt m ist im Gleichgewicht, wenn jede an ihm geleistete virtuelle Arbeit verschwindet und umgekehrt. Diese formelmäßig durch (5,5) ausgedrückte Gleichgewichtsbedingung nennt man das *Prinzip der virtuellen Verschiebung* oder das *Prinzip der virtuellen Arbeit.*

Der Anfänger wird mit Recht fragen, welchen Nutzen es mit sich bringt, von der Gleichgewichtsbedingung (5,2) zu der Aussage (5,5) überzugehen. Hierauf ist zu erwidern: In dem Fall, daß es sich um die Bestimmung der Gleichgewichtslage eines freien Massenpunktes handelt, besitzt allerdings (5,5) keinen Vorzug vor (5,2). Der Nutzen von (5,5) erweist sich erst dann, wenn der Massenpunkt in seiner Bewegung beschränkt ist.

Bevor wir dies zeigen, bemerken wir, daß sich die Gleichgewichtsbedingung auch für einen freien Massenpunkt m mit Verwendung des Begriffes der virtuellen Arbeit in eine besonders elegante Form bringen läßt, sofern $\mathfrak{K}$ eine konservative Kraft ist, d. h. ein Potential $V = V(\mathfrak{r})$ existiert. Dann gilt

$$\mathfrak{K} = -\operatorname{grad} V. \tag{5,6}$$

Hiermit nimmt das Prinzip der virtuellen Arbeit (5,5) unter Beachtung von (5,4) die Form

$$\delta\mathfrak{r} \cdot \operatorname{grad} V = 0 \tag{5,7}$$

an. Dafür kann man auch

$$\delta V = 0 \tag{5,8}$$

schreiben, und d. h.: Ein Massenpunkt m ist unter dem Einfluß einer konservativen Kraft im Gleichgewicht, wenn die potentielle Energie von m einen Extremwert hat. Je nachdem, ob es sich bei diesem um ein Maximum, Minimum oder einen Sattelwert handelt, nennt man die Gleichgewichtslage *labil*, *stabil* oder *indifferent*. Zur Feststellung, um welche Art von Gleichgewicht es sich in einem gegebenen Fall handelt, ist nach bekannten Rechenregeln zu beachten, daß für das

labile Gleichgewicht

$$\delta^2 V < 0\,; \tag{5,9}$$

stabile Gleichgewicht

$$\delta^2 V > 0\,; \tag{5,10}$$

indifferente Gleichgewicht

$$\delta^2 V = 0\,, \quad \text{falls} \quad \delta^3 V \neq 0 \tag{5,11}$$

sein muß.

2. *Gleichgewicht eines unfreien Massenpunktes.* Wir gehen nun zur Behandlung der Frage über: Unter welcher Bedingung ist ein Massenpunkt m, der der Einwirkung der Kraft $\mathfrak{K}$ unterliegt, im Gleichgewicht, wenn der Ortsvektor $\mathfrak{r}$ von m eine Nebenbedingung zu erfüllen hat? Der Einfachheit halber nehmen wir zunächst an, daß m der holonom-skleronomen Nebenbedingung (4,2) zu genügen hat.

Unter der Gleichgewichtslage eines an die Fläche (4,2) gebundenen Massenpunktes m versteht man denjenigen Punkt der Fläche, in dem sich m jederzeit in Ruhe befindet. Die Antwort auf die gestellte Frage liefert das Prinzip der virtuellen Arbeit. Nach ihm ist ein der Nebenbedingung (4,2) unterliegender Massenpunkt m dann und nur dann im Gleichgewicht, wenn die virtuelle Arbeit δA der eingeprägten Kraft $\mathfrak{K}$ verschwindet. Formelmäßig ausgedrückt:

$$\delta A = \mathfrak{K} \cdot \delta \mathfrak{r} = 0 . \tag{5,12}$$

Die in (5,12) auftretende virtuelle Verschiebung $\delta \mathfrak{r}$ ist nun — im Gegensatz zu dem in der Gleichgewichtsbedingung (5,4) für einen freien Massenpunkt auftretenden $\delta \mathfrak{r}$ — n i c h t mehr beliebig, weil m an die Fläche (4,2) gebunden ist. Im hier behandelten Fall heißt dies, daß neben (4,2) auch

$$F(\mathfrak{r} + \delta \mathfrak{r}) = 0 \tag{5,13}$$

gelten muß. Entwickelt man (5,13) nach TAYLOR und bricht nach den linearen Gliedern ab, so erhält man

$$F(\mathfrak{r} + \delta \mathfrak{r}) = F(\mathfrak{r}) + \delta \mathfrak{r} \cdot \operatorname{grad} F = 0 . \tag{5,14}$$

Hieraus folgt wegen (4,2):

$$\delta \mathfrak{r} \cdot \operatorname{grad} F = 0 . \tag{5,15}$$

Diese Gleichung in Verbindung mit (5,12) löst das eingangs gestellte Gleichgewichtsproblem.

Um die Gleichgewichtslage von m zu bestimmen, muß aus den beiden Gleichungen (5,12) und (5,15) $\delta \mathfrak{r}$ eliminiert werden. Dies geschieht nach LAGRANGE, indem man wie folgt verfährt: Man multipliziere (5,15) mit einer zunächst noch unbestimmten, später geeignet zu wählenden Funktion $\lambda = \lambda(\mathfrak{r})$ und addiere das Ergebnis zu (5,12). Dies ergibt

$$(\mathfrak{K} + \lambda \operatorname{grad} F) \cdot \delta \mathfrak{r} = 0 \tag{5,16}$$

oder ausführlich geschrieben

$$\left(K_x + \lambda \frac{\partial F}{\partial x}\right) \delta x + \left(K_y + \lambda \frac{\partial F}{\partial y}\right) \delta y + \left(K_z + \lambda \frac{\partial F}{\partial z}\right) \delta z = 0 . \tag{5,17}$$

Aus (5,16) darf man jetzt nicht, wie aus (5,4), schließen, daß der Faktor von $\delta \mathfrak{r}$ verschwindet, weil nun, wegen (5,13), die Komponenten δx, δy, δz nicht mehr voneinander unabhängig sind. Zwei von ihnen, sagen wir etwa δy und δz, können beliebig gewählt werden, dann ist jedoch δx durch (5,13) festgelegt. Man wählt nun den in (5,17) auftretenden

„LAGRANGEschen Multiplikator" λ *so*, daß der Faktor von δx verschwindet, d. h. daß

$$K_x + \lambda \frac{\partial F}{\partial x} = 0 \tag{5,18}$$

wird. Dann reduziert sich (5,17) auf

$$\left(K_y + \lambda \frac{\partial F}{\partial y}\right) \delta y + \left(K_z + \lambda \frac{\partial F}{\partial z}\right) \delta z = 0 . \tag{5,19}$$

Hieraus folgt jetzt, weil δy und δz voneinander unabhängig sind, daß dann

$$K_y + \lambda \frac{\partial F}{\partial y} = 0 \tag{5,20}$$

$$K_z + \lambda \frac{\partial F}{\partial z} = 0 \tag{5,21}$$

sein *muß*. Man beachte, daß das symmetrische Ergebnis (5,18) und (5,20/21) aus einer *un*symmetrischen Schlußweise folgt.

Die Ausdrücke (5,18) und (5,20/21) lassen sich in

$$\mathfrak{K} + \lambda \operatorname{grad} F(\mathfrak{r}) = 0 \tag{5,22}$$

zusammenfassen. Dies ist die gesuchte Gleichgewichtsbedingung für den hier behandelten Fall. Sie löst in Verbindung mit (4,2) das eingangs aufgeworfene Gleichgewichtsproblem: Die Vektorgleichung (5,22) und die skalare Nebenbedingung (4,2) reichen genau aus, um den Ortsvektor der Gleichgewichtslage von m und den im allgemeinen von $\mathfrak{r}$ abhängigen LAGRANGEschen Multiplikator $\lambda = \lambda(\mathfrak{r})$ zu bestimmen.

Aus (5,22) ist zu erkennen, daß der Ausdruck

$$\mathfrak{Z} = \lambda \operatorname{grad} F \tag{5,23}$$

eine Kraft sein muß, die als *Zwangskraft* bezeichnet wird. Sie hat, weil $\mathfrak{Z} \parallel \operatorname{grad} F$, in jedem Punkte der Fläche (4,2) die Richtung der Flächennormalen. Man deutet das Auftreten von $\mathfrak{Z}$ in der Gleichgewichtsbedingung (5,22) dahingehend, daß man sagt: Die Zwangskraft $\mathfrak{Z}$ verhindert das Hinaustreten von m aus der vorgeschriebenen Fläche. Dies drückt man auch häufig durch „die Zwangskraft (5,23) ersetzt die Nebenbedingung (4,2)" aus.

Ergänzend mag noch bemerkt werden, daß beim Vorliegen der nichtholonom-skleronomen Nebenbedingung (4,11) die vorstehend durchgeführte Überlegung an Stelle von (5,18) und (5,20/21) die Ausdrücke

$$K_x + \lambda f_1(\mathfrak{r}) = 0 \tag{5,24}$$

$$\cdots\cdots\cdots$$

als Gleichgewichtsbedingungen liefert.

3. *Gleichgewicht eines Punktsystems.* Wir wollen nun die vorstehenden Betrachtungen verallgemeinern, indem wir sie auf ein Punktsystem übertragen. Hierbei können wir uns kurz fassen, weil sich an den Ausführungen im wesentlichen nichts ändert.

Wir betrachten ein aus n freien Massenpunkten m_i $(i = 1, 2, \ldots, n)$ bestehendes Punktsystem. Auf jeden Massenpunkt m_i sollen Kräfte wirken, deren Resultierende $\mathfrak{K}_i$ ist. Sind nun alle

$$\mathfrak{K}_i = 0\,, \tag{5,25}$$

so erfährt kein Massenpunkt m_i eine Beschleunigung. Man sagt dann: das System befindet sich im Gleichgewicht.

Die n Vektorgleichungen (5,25) lassen sich in eine Gleichung zusammenfassen, indem man jede von ihnen mit einem zunächst beliebigen vektoriellen Faktor $\delta\,\mathfrak{r}_i$ multipliziert und danach addiert. Dies ergibt

$$\sum_{i=1}^{n} \mathfrak{K}_i \cdot \delta\,\mathfrak{r}_i = 0\,. \tag{5,26}$$

Deutet man nun die Vektoren $\delta\,\mathfrak{r}_i$ wieder als virtuelle Verschiebungen der m_i, so ist

$$\mathfrak{K}_i \cdot \delta\,\mathfrak{r}_i = \delta\,A_i \tag{5,27}$$

die an m_i geleistete virtuelle Arbeit. Damit wird aus (5,26):

$$\delta\,A = \sum_{i=1}^{n} \delta\,A_i = 0 \tag{5,28}$$

Man kann daher sagen: Wenn das System im Gleichgewicht ist, dann verschwindet jede an ihm geleistete virtuelle Arbeit. Es gilt — wegen der Willkür der $\delta\mathfrak{r}_i$ — auch die Umkehrung: Ein freies Punktsystem ist im Gleichgewicht, wenn jede an dem System geleistete virtuelle Arbeit verschwindet.

Diese abstrakte Formulierung der Gleichgewichtsbedingung für ein Punktsystem läßt sich — ebenso wie bei einem Massenpunkt — in einem Sonderfall in eine Extremalaussage überführen. Handelt es sich bei den $\mathfrak{K}_i$ um konservative Kräfte, gilt also für jedes

$$\mathfrak{K}_i = -\operatorname{grad} V_i\,, \tag{5,29}$$

so wird aus (5,27):

$$\delta\,A_i = -\,\delta\,\mathfrak{r}_i \cdot \operatorname{grad} V_i = -\,\delta\,V_i \tag{5,30}$$

und (5,28) geht in

$$\sum_{i=1}^{n} \delta\,V_i = \delta\,V = 0 \tag{5,31}$$

über: Ein unter der Einwirkung von konservativen Kräften stehendes Punktsystem ist im Gleichgewicht, wenn die potentielle Energie des Systems einen Extremwert hat. Ebenso wie bei einem einzelnen Massenpunkt nennt man die Gleichgewichtslage des Systems labil, stabil oder indifferent, je nachdem ob es sich bei dem Extremwert von V um ein Maximum, Minimum oder einen Sattelwert handelt.

Wir wollen nun die Gleichgewichtsbedingungen für ein unfreies Punktsystem aufsuchen. Man nennt ein Punktsystem unfrei, wenn die Ortsvektoren $\mathfrak{r}_i$ der zum System gehörenden Massenpunkte m_i $(i = 1, 2, \ldots, n)$ nicht voneinander unabhängig sind, sondern Nebenbedingungen erfüllen müssen. Auf diese wurde in Kapitel 4 eingegangen. Was dort über die Einteilung der Nebenbedingungen gesagt wurde, gilt unverändert auch in der Systemmechanik. Jedoch werden in Nebenbedingungen für Punktsysteme im allgemeinen die Ortsvektoren $\mathfrak{r}_i$ aller Massenpunkte m_i $(i = 1, 2, \ldots, n)$ eingehen. Es wird daher eine holonom-skleronome Nebenbedingung von der Form

$$F(\mathfrak{r}_1, \mathfrak{r}_2, \ldots, \mathfrak{r}_n) = 0 \tag{5,32}$$

und eine holonom-rheonome Nebenbedingung von der Form

$$F(\mathfrak{r}_1, \mathfrak{r}_2, \ldots, \mathfrak{r}_n, t) = 0 \tag{5,33}$$

sein. Diese Gleichungen lassen sich als ruhende bzw. sich bewegende „Hyperfläche" im $3\,n$-dimensionalen Raum deuten.

In Verallgemeinerung der für einen Massenpunkt geltenden nichtholonomen Nebenbedingungen (4,7/8) beim Übergang von einem Massenpunkt zu einem Punktsystem erhält man

$$F(\mathfrak{r}_1, \mathfrak{r}_2, \ldots, \mathfrak{r}_n, \dot{\mathfrak{r}}_1, \dot{\mathfrak{r}}_2, \ldots, \dot{\mathfrak{r}}_n) = 0 \tag{5,34}$$

$$F(\mathfrak{r}_1, \mathfrak{r}_2, \ldots, \mathfrak{r}_n, \dot{\mathfrak{r}}_1, \dot{\mathfrak{r}}_2, \ldots, \dot{\mathfrak{r}}_n, t) = 0\,. \tag{5,35}$$

Wir kommen nun auf die aufgeworfene Frage nach dem Gleichgewicht eines Nebenbedingungen unterworfenen Punktsystems zurück. Der Einfachheit halber nehmen wir an, daß es sich um die r holonom-skleronomen Bedingungsgleichungen

$$F_j(\mathfrak{r}_1, \mathfrak{r}_2, \ldots, \mathfrak{r}_n) = 0\,, \quad j = 1, 2, \ldots, r \tag{5,36}$$

handelt.

Entsprechend dem Vorgehen in Abschnitt 2 bestimmen wir das Gleichgewicht durch das Prinzip der virtuellen Arbeit: Ein System gebundener Massenpunkte ist dann und nur dann im Gleichgewicht, wenn die virtuelle Arbeit der eingeprägten Kräfte verschwindet:

$$\delta A = \sum_{i=1}^{n} \delta A_i = \sum_{i=1}^{n} \mathfrak{K}_i \cdot \delta \mathfrak{r}_i = 0\,. \tag{5,37}$$

Darin ist $\delta \mathfrak{r}_i$ eine virtuelle Verschiebung von m_i. Diese hat jedoch jeder Nebenbedingung (5,36) zu genügen, d. h. es muß auch

$$(5{,}38)\qquad F_j(\mathfrak{r}_1, \ldots, \mathfrak{r}_i + \delta \mathfrak{r}_i, \ldots, \mathfrak{r}_n) = 0\,, \quad j = 1, 2, \ldots, r$$

erfüllt sein. Entwickelt man diese r Ausdrücke nach TAYLOR, so erhält man

$$(5{,}39)\qquad \delta \mathfrak{r}_i \cdot \operatorname{grad}_i F_j = 0\,, \quad j = 1, 2, \ldots, r\,.$$

Hierbei bedeutet

$$(5{,}40)\qquad \operatorname{grad}_i F_j = \mathfrak{i}\frac{\partial F_j}{\partial x_i} + \mathfrak{j}\frac{\partial F_j}{\partial y_i} + \mathfrak{k}\frac{\partial F_j}{\partial z_i}\,.$$

Da die Gleichgewichtsbedingung (5,37) nur in Verbindung mit (5,39) gilt, ergibt sich die Aufgabe, aus diesen Gleichungen die $\delta \mathfrak{r}_i$ zu eliminieren. Dies gelingt mittels des bereits dargelegten Verfahrens von LAGRANGE.

Bevor wir dieses jedoch verwenden, ist es zweckmäßig, eine Änderung der Bezeichnungsweise vorzunehmen. Wir schreiben statt

$$(5{,}41)\qquad \mathfrak{r}_1 = \{x_1, y_1, z_1\} \to \mathfrak{r}_1 = \{x_1, x_2, x_3\}$$

$$(5{,}42)\qquad \mathfrak{r}_2 = \{x_2, y_2, z_2\} \to \mathfrak{r}_2 = \{x_4, x_5, x_6\}$$

$$\cdot\ \cdot\ \cdot\ \cdot$$

$$(5{,}43)\qquad \mathfrak{r}_n = \{x_n, y_n, z_n\} \to \mathfrak{r}_n = \{x_{3n-2}, x_{3n-1}, x_{3n}\}$$

und statt

$$(5{,}44)\qquad \mathfrak{K}_1 = \{K_{1_x}, K_{1_y}, K_{1_z}\} \to \mathfrak{K}_1 = \{K_1, K_2, K_3\}$$

$$\cdot\ \cdot\ \cdot\ \cdot$$

$$(5{,}45)\qquad \mathfrak{K}_n = \{K_{n_x}, K_{n_y}, K_{n_z}\} \to \mathfrak{K}_n = \{K_{3n-2}, K_{3n-1}, K_{3n}\}\,.$$

Bei Verwendung dieser Indizierung („Durchnumerierung") lauten die Nebenbedingungen (5,36):

$$(5{,}46)\qquad F_j(x_1, x_2, x_3, \ldots, x_{3n-2}, x_{3n-1}, x_{3n}) = 0\,,\ j = 1, 2, \ldots, r\,,$$

während das Prinzip der virtuellen Arbeit (5,37) in

$$(5{,}47)\qquad \delta A = \sum_{i=1}^{3n} K_i\,\delta x_i = 0$$

übergeht. Hierin sind, mit $i = 1$ beginnend, je drei aufeinanderfolgende δx_i die Komponenten eines virtuellen Verschiebungsvektors. Sie haben den Bedingungen (5,39) zu genügen, die bei der jetzt verwendeten Schreibweise die Form

(5,48) $$\sum_i \frac{\partial F_j}{\partial x_i} \delta x_i = 0\,, \quad j = 1, 2, \ldots, r$$

annehmen. Hierbei durchläuft der Summationsindex i je ein Zahlentripel von der Form $3k-2$, $3k-1$, $3k$ mit $1 \leqq k \leqq n$.

Um nun aus (5,47/48) die δx_i nach dem Verfahren von Lagrange zu eliminieren, multiplizieren wir zunächst jede der Gleichungen (5,48) mit einem Lagrange-Multiplikator

(5,49) $$\lambda_j = \lambda_j (x_1, x_2, \ldots, x_{3n}) \quad j = 1, 2, \ldots, r\,.$$

Dies ergibt

(5,50) $$\sum_i \lambda_j \frac{\partial F_j}{\partial x_i} \delta x_i = 0\,, \quad j = 1, 2, \ldots, r\,.$$

Addiert man diese Gleichungen zu (5,47), so erhält man

(5,51) $$\sum_{i=1}^{3n} \left(K_i + \sum_{j=1}^{r} \lambda_j \frac{\partial F_j}{\partial x_i} \right) \delta x_i = 0\,.$$

Dies ist eine Summe von $3n$ Summanden, von denen jeder eine der $3n$ Verschiebungskomponenten δx_i und die r Lagrangeschen Multiplikatoren λ_j enthält.

Da nun das Punktsystem den r Nebenbedingungen (5,46) unterworfen ist, hat es nach den früheren Ausführungen nur $f = 3n - r$ Freiheitsgrade. Mit anderen Worten: Von den $3n$ Verschiebungskomponenten δx_i können f beliebig gewählt werden. Wir wollen als diese die f aufeinanderfolgenden Größen

(5,52) $$\delta x_1, \delta x_2, \ldots, \delta x_f$$

wählen. Dann sind die restlichen

(5,53) $$\delta x_{f+1}, \delta x_{f+2}, \ldots, \delta x_{3n}$$

durch die Nebenbedingungen (5,48) festgelegt.

Im Sinne von Lagrange verfügen wir nun über die Multiplikatoren λ_j ($j = 1, 2, \ldots, r$) so, daß alle Summanden von (5,51), die einen der r Faktoren (5,53) enthalten, verschwinden. Durch diese Wahl der λ_j wird die Gültigkeit der r Gleichungen

(5,54) $$K_i + \sum_{j=1}^{r} \lambda_j \frac{\partial F_j}{\partial x_i} = 0\,, \quad i = f+1, f+2, \ldots, 3n$$

erzwungen. Der Rest der Summe (5,51) enthält nun nur noch f Summanden, die mit je einem der beliebig wählbaren Faktoren δx_i von (5,52) behaftet sind. Daraus folgt, daß neben (5,54) auch die f Gleichungen

$$K_i + \sum_{j=1}^{m} \lambda_j \frac{\partial F_j}{\partial x_i} = 0\,, \qquad i = 1, 2, \ldots, f \tag{5,55}$$

gelten müssen.

Faßt man (5,54) mit (5,55) zusammen und geht zu der ursprünglichen Schreibweise zurück, so erhält man als Gleichgewichtsbedingung für das den r „Bindungen" (5,36) unterworfene Punktsystem die n Gleichungen

$$\mathfrak{K}_i + \sum_{j=1}^{m} \lambda_j \operatorname{grad}_i F_j = 0\,, \qquad i = 1, 2, \ldots, n\,. \tag{5,56}$$

Dies ist die Verallgemeinerung von (5,22), welche Gleichung sich aus (5,56) für $i = 1$ und $j = 1$ ergibt.

Um ein Anwendungs*beispiel* des Prinzips der virtuellen Verschiebung zur Bestimmung einer Gleichgewichtsbedingung zu geben, betrachten wir zwei Massenpunkte m_1 und m_2, die durch einen masselosen Faden von der Länge l verbunden sind. Die beiden Massenpunkte sollen sich auf zwei schiefen Ebenen von verschiedener Neigung befinden, die aneinanderstoßen, Abb. 5,1. Wir fragen, unter welcher Bedingung m_1 und m_2 im Gleichgewicht sind, wenn auf sie allein das Schwerefeld der Erde wirkt.

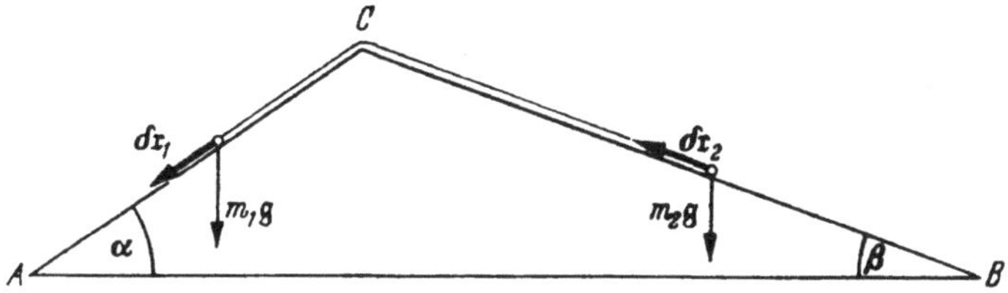

Abb. 5,1: Zur Gleichgewichtsbestimmung für m_1 und m_2.

Nach dem Prinzip der virtuellen Arbeit erhält man die gesuchte Gleichgewichtsbedingung wie folgt: Man denke sich m_1, etwa in Richtung auf A hin, um $\delta\,\mathfrak{r}_1$ virtuell verschoben. Die hierbei geleistete virtuelle Arbeit ist

$$\delta A_1 = m_1\, \mathfrak{g} \cdot \delta\, \mathfrak{r}_1 \tag{5,57}$$

$$= m_1\, g \sin\alpha\, \delta\, r_1\,. \tag{5,58}$$

Bei der virtuellen Verschiebung von m_1 um $\delta\,\mathfrak{r}_1$ erfährt m_2 eine Verschiebung $\delta\,\mathfrak{r}_2$. Wegen der Fadenbindung ist $\delta\,\mathfrak{r}_2$ auf C hin gerichtet, und es ist

$$\delta r_1 = |\delta\, \mathfrak{r}_1| = |\delta\, \mathfrak{r}_2| = \delta\, r_2 = \delta\, r\,. \tag{5,59}$$

Die an m_2 geleistete virtuelle Arbeit ist

$$\delta A_2 = m_2 \mathfrak{g} \cdot \delta \mathfrak{r}_2 \tag{5,60}$$

$$= - m_2 g \sin \beta \cdot \delta r_2 . \tag{6,61}$$

Die gesamte virtuelle Arbeit ist daher

$$\delta A = \delta A_1 + \delta A_2 \tag{5,62}$$

$$= (m_1 \sin \alpha - m_2 \sin \beta) g \delta r . \tag{5,63}$$

Nach dem Prinzip der virtuellen Arbeit muß dieser Ausdruck im Gleichgewichtsfall verschwinden. Das liefert, wegen der Willkür von δr:

$$m_1 \sin \alpha = m_2 \sin \beta . \tag{5,64}$$

Dies ist die gesuchte Gleichgewichtsbedingung für das hier betrachtete System.

6. Das Prinzip von D'Alembert und die Lagrangeschen Gleichungen 1. Art

Nachdem vorstehend die Gleichgewichtsbedingungen für unfreie Massenpunkte gefunden wurden, soll nun dargelegt werden, wie man die Bewegungsgleichungen gebundener Massenpunkte finden kann.

Hierzu betrachten wir noch einmal einen freien Massenpunkt m, der der Einwirkung von Kräften mit der Rseultierenden $\mathfrak{K}$ unterliegt. Dann gilt für m nach NEWTON die Bewegungsgleichung (1,1). Schreibt man diese in der Form

$$\mathfrak{K} - m \ddot{\mathfrak{r}} = 0 \tag{6,1}$$

und setzt

$$\mathfrak{K} - m \ddot{\mathfrak{r}} = \bar{\mathfrak{K}} , \tag{6,2}$$

so geht (6,1) in

$$\bar{\mathfrak{K}} = 0 \tag{6,1a}$$

über.

Dies stimmt formal mit der Gleichgewichtsbedingung (5,1) überein und erlaubt folgende Interpretation: Ein Massenpunkt m, der unter dem Einfluß der Kraft $\mathfrak{K}$ eine Bewegung ausführt, ist im Gleichgewicht, wenn man zu $\mathfrak{K}$ die D'ALEMBERT*sche Trägheitskraft* $- m \ddot{\mathfrak{r}}$ hinzufügt. Mit dieser Auffassung[1]) läßt sich ein dynamisches Problem formal auf ein solches der Statik zurückführen.

[1]) Vgl. hierzu etwa BUDÓ, A.: *Theoretische Mechanik* (S. 66ff.). Berlin: VEB Deutscher Verlag der Wissenschaften 1963.

Es hat nun LAGRANGE in seiner — in Kapitel 2 erwähnten — „Mécanique Analytique“ als erster den Schritt getan, auf die in (6,2) eingeführte Kraft $\bar{\mathfrak{K}}$ das Prinzip der virtuellen Arbeit anzuwenden, d. h. er postuliert, daß für einen bewegten Massenpunkt m:

$$\delta A = \bar{\mathfrak{K}} \cdot \delta \mathfrak{r} = (\mathfrak{K} - m\,\ddot{\mathfrak{r}}) \cdot \delta \mathfrak{r} = 0 \tag{6,3}$$

gilt, gleichgültig, ob m frei oder unfrei ist. Diese Aussage wird als D'ALEMBERT*sches Prinzip* bezeichnet.

Wegen der formalen Gleichheit von (6,3) mit (5,4/5) dürfen die im vorstehenden Kapitel durchgeführten Rechnungen übernommen werden, wobei lediglich $\mathfrak{K}$ durch $\bar{\mathfrak{K}}$ zu ersetzen ist.

So erhält man jetzt an Stelle von (5,22) die Gleichung

$$\bar{\mathfrak{K}} + \lambda \operatorname{grad} F = 0\,, \tag{6,4}$$

die wegen (6,2) in

$$m\,\ddot{\mathfrak{r}} = \mathfrak{K} + \lambda \operatorname{grad} F \tag{6,5}$$

übergeht.

Dieser Ausdruck heißt die LAGRANGE*sche Bewegungsgleichung 1. Art*. Sie ist an Stelle der NEWTONschen Bewegungsgleichung (1,1) zu verwenden, wenn der Massenpunkt m der Nebenbedingung (4,2) unterliegt.

Die Aufstellung der Bewegungsgleichung für ein aus n Massenpunkten m_i $(i = 1, 2, \ldots, n)$ bestehendes Punktsystem, das den r Nebenbedingungen (4,4) unterliegt, bereitet keine besonderen Schwierigkeiten. Unterliegt der Massenpunkt m_i Kräften, deren Resultierende $\mathfrak{K}_i$ ist, so führen wir durch

$$\mathfrak{K}_i - m_i\,\ddot{\mathfrak{r}}_i = \bar{\mathfrak{K}}_i\,, \qquad i = 1, 2, \ldots, n \tag{6,6}$$

die Kräfte $\bar{\mathfrak{K}}_i$ ein. Das D'ALEMBERTsche Prinzip für ein Punktsystem lautet dann:

$$\delta A = \sum_{i=1}^{n} \bar{\mathfrak{K}}_i\,\delta \mathfrak{r}_i = \sum_{i=1}^{n} (\mathfrak{K}_i - m_i\,\ddot{\mathfrak{r}}_i)\,\delta \mathfrak{r}_i = 0\,. \tag{6,7}$$

Dieser Ausdruck stimmt formal mit (5,26) überein. Daher gelten alle im Anschluß an diese Gleichung durchgeführten Überlegungen und Rechnungen unverändert, wenn $\mathfrak{K}_i$ durch $\bar{\mathfrak{K}}_i$ ersetzt wird.

Insbesondere erhält man beim Vorliegen der r Nebenbedingungen (5,36) an Stelle von (5,51) jetzt

$$\sum_{i=1}^{3n} \left(\bar{K}_i + \sum_{j=1}^{r} \lambda_j \frac{\partial F_j}{\partial x_i} \right) \delta x_i = 0\,. \tag{6,8}$$

Hieraus ergeben sich durch die gleiche Schlußweise, die in Kapitel 5 angewendet wurde, die 3 n Gleichungen

$$\bar{K}_i + \sum_{j=1}^{r} \lambda_j \frac{\partial F_j}{\partial x_i} = 0 \,, \quad i = 1, 2, \ldots, 3\,n \,. \tag{6,9}$$

Hierin bedeutet

$$\bar{K}_i = K_i - m_i \ddot{x}_i \,, \quad i = 1, 2, \ldots, 3\,n \,. \tag{6,10}$$

Setzt man in (6,10) für i das erste Zahlentripel 1, 2, 3 ein, so erhält man unter Beachtung von (5,44/45):

$$\bar{K}_1 = K_1 - m_1 \ddot{x}_1 \rightarrow \bar{K}_x = K_x - m_1 \ddot{x}_1 \tag{6,11}$$

$$\bar{K}_2 = K_2 - m_2 \ddot{x}_2 \rightarrow \bar{K}_y = K_y - m_1 \ddot{y}_1 \tag{6,12}$$

$$\bar{K}_3 = K_3 - m_3 \ddot{x}_3 \rightarrow \bar{K}_z = K_z - m_1 \ddot{z}_1 \,. \tag{6,13}$$

Hieraus ersieht man, daß bei Verwendung der Durchnumerierung ($i = 1, 2, \ldots, 3\,n$):

$$m_1 = m_2 = m_3 \equiv m_1 \tag{6,14}$$

bedeutet. Entsprechend ergibt sich

$$m_4 = m_5 = m_6 \equiv m_2 \tag{6,15}$$

$$\cdots$$

$$m_{3n-2} = m_{3n-1} = m_{3n} \equiv m_n \tag{6,16}$$

Hierbei sind die rechts von dem $\equiv$-Zeichen stehenden Größen $m_1, m_2, \ldots, m_n$ die das betrachtete Punktsystem tatsächlich bildenden n Massenpunkte.

Mit der soeben erklärten Bedeutung der Bezeichnung m_i ($i = 1, 2, \ldots, 3n$) nimmt nach (6,7) das D'ALEMBERTsche Prinzip die Form

$$\sum_{i=1}^{3n} \bar{K}_i \,\delta x_i = \sum_{i=1}^{3n} (K_i - m_i \ddot{x}_i) \,\delta x_i = 0 \tag{6,17}$$

an.

Nach dieser Zwischenbemerkung schließen wir an (6,9) an. Ersetzt man hierin $\bar{K}_i$ gemäß (6,10), so erhält man

$$K_i - m_i \ddot{x}_i + \sum_{j=1}^{r} \lambda_j \frac{\partial F_j}{\partial x_i} = 0 \tag{6,18}$$

oder

$$m_i \ddot{x}_i = K_i + \sum_{j=1}^{r} \lambda_j \frac{\partial F_j}{\partial x_i} \,, \quad i = 1, 2, \ldots, 3\,n \,. \tag{6,19}$$

Geht man nun wieder zu der anfänglichen Schreibweise — ($i = 1, 2, \ldots, n$) — zurück, so erhält man als Bewegungsgleichung für ein Punktsystem beim Vorliegen der Nebenbedingungen (5,36) in Vektorschreibweise

(6,20) $$m_i \ddot{\mathfrak{r}}_i = \mathfrak{K}_i + \sum_{j=1}^{r} \lambda_j \operatorname{grad}_i F_j, \quad i = 1, 2, \ldots, n.$$

Diese n Gleichungen heißen die LAGRANGE*schen Bewegungsgleichungen 1. Art* für ein Punktsystem, deren einfachster Fall ($n = 1$, $r = 1$) die Gl. (6,5) ist. Die Gl. (6,20) sind an Stelle der NEWTONschen Bewegungsgleichungen anzuwenden, wenn ein Punktsystem Nebenbedingungen unterworfen ist.

Man bezeichnet in Analogie zu früher, Kapitel 5, das auf der rechten Seite von (6,20) auftretende Zusatzglied

(6,21) $$\sum_{j=1}^{r} \lambda_j \operatorname{grad}_i F_j = \mathfrak{Z}_i,$$

als die auf den Massenpunkt m_i ($i = 1, 2, \ldots, n$) wirkende Zwangskraft $\mathfrak{Z}_i$. Sie ist von solcher Art, daß sie die Bewegung von m_i gerade *so* beeinflußt, daß der Ortsvektor $\mathfrak{r}_i$ die Bedingungsgleichungen (5,36) erfüllt.

Wir haben noch eine Bemerkung über die Anwendbarkeit des D'ALEMBERTschen Prinzips (6,17) zu machen. Dieses vergleicht den Zustand eines mechanischen Systems zur selben Zeit t mit einem Nachbarzustand, der sich aus dem tatsächlichen Zustand durch die virtuellen Verschiebungen $\delta \mathfrak{r}_i$ ($i = 1, 2, \ldots, n$) ergibt. Die $\delta \mathfrak{r}_i$ sind dadurch eingeschränkt, daß sie vorliegenden Nebenbedingungen

(6,22) $$F_j(\mathfrak{r}_i) = 0, \quad \begin{array}{l} i = 1, 2, \ldots, n \\ j = 1, 2, \ldots, r \end{array}$$

zu genügen haben. Es muß also neben (6,22) auch

(6,23) $$F_j(\mathfrak{r}_i + \delta \mathfrak{r}_i) = 0,$$

d. h. nach (5,39)

(6,24) $$\sum_{i=1}^{n} \delta \mathfrak{r}_i \cdot \operatorname{grad}_i F_j = 0$$

oder in der Summationsschreibweise ausgedrückt,

(6,25) $$\sum_{i=1}^{3n} \frac{\partial F_j}{\partial x_i} \delta x_i = \sum_i \varphi_{ji}(x_1, x_2, \ldots, x_{3n}) \delta x_i = 0$$

gelten. Für den Fall, daß die Nebenbedingungen rheonom sind, d. h. noch die Zeit t explizit enthalten, haben die δx_i ebenfalls (6,25) zu erfüllen, weil p. def. $\delta t = 0$ ist.

Liegen dagegen nichtholonome Nebenbedingungen vor, d. h. treten in ihnen auch die Geschwindigkeiten $\dot{\mathfrak{r}}_i$ auf:

(6,26) $$F_j(\mathfrak{r}_i, \dot{\mathfrak{r}}_i) = 0\,, \quad \begin{array}{l} i = 1, 2, \ldots, n \\ j = 1, 2, \ldots, r \end{array}$$

oder anders geschrieben

(6,27) $$F_j(x_i, \dot{x}_i) = 0\,, \quad i = 1, 2, \ldots, 3n,$$

so erhält man daraus durch Variation nur **dann** die Bedingungsgleichung für die δx_i in der Form (6,25), wenn (6,27) eine **lineare** und **homogene** Funktion der $\dot{x}_i$ ist, d. h. wenn

(6,28) $$F_j(x_i, \dot{x}_i) = \sum_{p=1}^{3n} \dot{x}_p f_{jp}(x_1, x_2, \ldots, x_{3n}) = 0$$

ist. Dafür kann man auch

(6,29) $$\sum_{p=1}^{3n} f_{jp}(x_1, x_2, \ldots, x_{3n})\, dx_p = 0$$

schreiben. Beim Vorliegen dieser Nebenbedingung haben die virtuellen Verschiebungen der Bedingungsgleichung

(6,30) $$\sum_{p=1}^{3n} f_{jp}\, \delta x_p = 0$$

zu genügen und diese ist gerade von der Form (6,25). Sind die Nebenbedingungen in den $\dot{x}_i$ **nichtlinear**, so kann man aus ihnen (6,25) **nicht** erhalten.

Aus diesen Darlegungen folgt, daß sich das D'ALEMBERTsche Prinzip zur Aufstellung von Bewegungsgleichungen beim Vorliegen von nichtholonomen Nebenbedingungen nur **dann** anwenden läßt, wenn diese von der speziellen Form (6,28) sind. Liegen dagegen andere nichtholonome Nebenbedingungen vor, so versagt das D'ALEMBERTsche Prinzip, und man hat statt dieses, um die dann gültigen Bewegungsgleichungen zu finden, ein weiterreichendes Prinzip anzuwenden. Als solches hat sich das *GAUSSsche Prinzip des kleinsten Zwangs* bewährt, auf das wir nachstehend eingehen werden.

7. Das Gaußsche Prinzip des kleinsten Zwanges

Zu den LAGRANGEschen Bewegungsgleichungen (6,20) für ein Punktsystem, das den r Nebenbedingungen (5,36) unterworfen ist, kann man auch auf einem anderen Weg gelangen als den, der im vorstehenden Kapitel beschritten wurde. Dies gelingt mittels eines 1829 von GAUSS[1])

[1]) Carl-Friedrich GAUSS: * 1777 in Braunschweig, † 1855 in Göttingen.

gefundenen „... neuen allgemeinen Grundgesetzes der Mechanik", das heute als das GAUSSsche *Prinzip des kleinsten Zwanges* bezeichnet wird. Wir erläutern es der Einfachheit halber zunächst an Hand der eingeschränkten Bewegung von nur e i n e m Massenpunkt m.

Unterliegt m der Einwirkung von Kräften, deren Resultierende $\mathfrak{K}$ ist, so erfährt der Massenpunkt, sofern er frei ist, nach (1,1) die Beschleunigung

$$\ddot{\mathfrak{r}}_f = \frac{\mathfrak{K}}{m}. \tag{7,1}$$

Wir haben hier die Beschleunigung mit dem Index f versehen, um damit anzudeuten, daß (7,1) für den freien Massenpunkt m gilt. Hat dagegen m eine Nebenbedingung zu erfüllen, so kann diese nach den Ausführungen in Kapitel 5 und 6 durch eine geeignete Zwangskraft $\mathfrak{Z}$ „ersetzt" werden, die den Massenpunkt m daran hindert, sich so zu bewegen, wie wenn er frei wäre. Es wird daher beim Vorliegen einer Nebenbedingung die tatsächliche Beschleunigung

$$\ddot{\mathfrak{r}} \neq \ddot{\mathfrak{r}}_f \tag{7,2}$$

sein. Die Verschiedenheit von $\ddot{\mathfrak{r}}$ und $\ddot{\mathfrak{r}}_f$ drückt man dadurch aus, daß man sagt: eine bei der Bewegung von m zu erfüllende Nebenbedingung „tut dem Massenpunkt einen Zwang Z an".

Als Maß für Z wird man eine der Differenz $|\ddot{\mathfrak{r}} - \ddot{\mathfrak{r}}_f|^2$ proportionale Größe wählen. Als diese hat GAUSS — im Sinne der von ihm entwickelten „Methode der kleinsten Quadrate", die wahrscheinlich bei der Aufstellung des Prinzips der leitende Gedanke war — den Ausdruck

$$Z = m\,(\ddot{\mathfrak{r}} - \ddot{\mathfrak{r}}_f)^2 \tag{7,3}$$

$$= m\left(\ddot{\mathfrak{r}} - \frac{\mathfrak{K}}{m}\right)^2 \tag{7,4}$$

definiert. GAUSS postuliert nun: Die tatsächliche Beschleunigung $\ddot{\mathfrak{r}}$, die m unter Einwirkung der Kraft $\mathfrak{K}$ beim Vorliegen einer Nebenbedingung erfährt, ist diejenige, mit der der Zwang (7,4) ein M i n i m u m wird, verglichen mit allen anderen Beschleunigungen, die mit der Nebenbedingung (4,2) verträglich sind.

Um mit Hilfe dieses Prinzips die tatsächliche Beschleunigung zu finden, hat man zunächst die Bedingung aufzusuchen, der $\ddot{\mathfrak{r}}$ wegen des Vorliegens der Nebenbedingung (4,2) zu genügen hat. Diese Bedingung findet man, indem

$$F(\mathfrak{r}) = F(\mathfrak{r}(t)) \tag{7,5}$$

$$= F(x(t), y(t), z(t)) = 0 \tag{7,6}$$

zweimal nach der Zeit t differenziert wird, weil dann im Ergebnis $\ddot{\mathfrak{r}} = \{\ddot{x}, \ddot{y}, \ddot{z}\}$ auftreten muß.

Die erste Ableitung von (7,6) nach t ergibt

$$\frac{dF}{dt} = \frac{\partial F}{\partial x}\dot{x} + \frac{\partial F}{\partial y}\dot{y} + \frac{\partial F}{\partial z}\dot{z} \tag{7,7}$$

$$= \dot{\mathfrak{r}} \cdot \operatorname{grad} F = 0\,. \tag{7,8}$$

Mit Verwendung der in Kapitel 5 und 6 erklärten Summenschreibweise („Durchnumerierung") nimmt (7,7) die Form

$$\frac{dF}{dt} = \sum_{i=1}^{3} \frac{\partial F}{\partial x_i}\dot{x}_i = 0 \tag{7,9}$$

an. Leitet man diesen Ausdruck nochmals nach t ab, so erhält man

$$\frac{d^2F}{dt^2} = \sum_{i=1}^{3}\sum_{j=1}^{3} \frac{\partial^2 F}{\partial x_i\,\partial x_j}\dot{x}_i\,\dot{x}_j + \sum_{i=1}^{3}\frac{\partial F}{\partial x_i}\ddot{x}_i \tag{7,10}$$

$$= F^*(\ddot{x}_i, \ddot{y}_i, \ddot{z}_i, \ldots) = F^*(\ddot{\mathfrak{r}}, \ldots) = 0\,. \tag{7,11}$$

Während beim Prinzip der virtuellen Verschiebung nur solche $\mathfrak{r}$ zugelassen sind, die der Bedingung (4,2) genügen, kommen beim GAUSSschen Prinzip nur solche Beschleunigungen $\ddot{\mathfrak{r}}$ in Betracht, die der Bedingung (7,11) genügen. Das GAUSSsche Prinzip fordert daher: Minimum von (7,4) unter Beachtung der Nebenbedingung (7,11) in der die Variable nur die Beschleunigung $\ddot{\mathfrak{r}} = \{\ddot{x}, \ddot{y}, \ddot{z}\}$ ist, während der Ortsvektor $\mathfrak{r} = \{x, y, z\}$ und die Geschwindigkeit $\dot{\mathfrak{r}} = \{\dot{x}, \dot{y}, \dot{z}\}$ von m als fest anzusehen sind.

Schreibt man (7,4) in der Form

$$Z = m \sum_{i=1}^{3}\left(\ddot{x}_i - \frac{K_i}{m}\right)^2, \tag{7,12}$$

so ergibt sich das geforderte Minimum aus

$$\frac{\partial}{\partial \ddot{x}_j}(Z + \mu F^*) = 0\,, \quad j = 1, 2, 3\,, \tag{7,13}$$

d. h. mit (7,10–12) aus

$$\frac{\partial}{\partial \ddot{x}_j}\left\{m \sum_{i=1}^{3}\left(\ddot{x}_i - \frac{K_i}{m}\right)^2 + \mu \sum_{i=1}^{3}\frac{\partial F}{\partial x_i}\ddot{x}_i \right.$$
$$\left. + \mu \sum_{i=1}^{3}\sum_{j=1}^{3}\frac{\partial^2 F}{\partial x_i\,\partial x_j}\dot{x}_i\dot{x}_j\right\} = 0\,, \tag{7,14}$$

wobei μ ein LAGRANGEscher Multiplikator ist.

Führt man die Differentiation in (7,14) aus, so erhält man

$$2\,m\left(\ddot{x}_j - \frac{K_j}{m}\right) + \mu\,\frac{\partial F}{\partial x_j} = 0\,, \quad j = 1, 2, 3 \tag{7,15}$$

oder, wenn man

$$-\frac{\mu}{2} = \lambda \tag{7,16}$$

setzt,

$$m\,\ddot{x}_j = K_j + \lambda\,\frac{\partial F}{\partial x_j}\,. \tag{7,17}$$

Diese drei (für $j = 1, 2, 3 \to x, y, z$ gültigen) Gleichungen lassen sich, vektoriell geschrieben, in

$$m\,\ddot{\mathfrak{r}} = \mathfrak{K} + \lambda\,\mathrm{grad}\,F\,(\mathfrak{r}) \tag{7,18}$$

zusammenfassen, und das ist genau die mit Verwendung des D'ALEMBERTschen Prinzips gefundene Bewegungsgleichung (6,5).

Wir bemerken, daß das GAUSSsche Prinzip als eine Art „Gegenstück" zum D'ALEMBERTschen Prinzip angesehen werden kann. Während bei diesem der wirklichen Bahn $\mathfrak{r} = \mathfrak{r}\,(t)$ eine variierte Bahn $\mathfrak{r} + \delta\,\mathfrak{r}$ zugeordnet wird, werden beim GAUSSschen Prinzip die Bahn $\mathfrak{r}\,(t)$ und die Geschwindigkeit $\dot{\mathfrak{r}}$ festgehalten, dagegen wird die Beschleunigung $\ddot{\mathfrak{r}}$ variiert. Dies nennt man nach BOLTZMANN [1] eine „GAUSSsche Variation". Man kann übrigens auch $\mathfrak{r}$ festhalten und die Geschwindigkeit $\dot{\mathfrak{r}}$ variieren. Dies verlangt das Prinzip von JOURDAIN, auf das wir in Kapitel 14 kurz eingehen werden.

Wir wollen nun mit Hilfe des GAUSSschen Prinzips die Bewegungsgleichungen eines P u n k t s y s t e m s aufsuchen, das r Nebenbedingungen unterworfen ist. In Erweiterung von (7,12) ist dann für den von den Nebenbedingungen dem Punktsystem „angetane Zwang", unter Verwendung der Summenschreibweise, der Ausdruck

$$Z = \sum_{i=1}^{3n} m_i \left(\ddot{x}_i - \frac{K_i}{m_i}\right)^2 \tag{7,19}$$

zu verstehen.

Die r Bedingungsgleichungen, die das Punktsystem während seiner Bewegung zu erfüllen hat, nehmen wir — um möglichst allgemein zu bleiben — als nichtholonom und rheonom an. Sie sind daher nach (5,35) von der Form

$$F_j\,(x_i, \dot{x}_i, t) = 0\,, \quad \begin{array}{l} i = 1, 2, \ldots, 3\,n \\ j = 1, 2, \ldots, r\,. \end{array} \tag{7,20}$$

Aus diesen Gleichungen, denen die Ortskoordinaten x_i und die Geschwindigkeitskomponenten $\dot{x}_i$ zu genügen haben, erhält man die Bedingungsgleichungen, die die Beschleunigungskomponenten $\ddot{x}_i$ erfüllen müssen, durch einmalige Differentiation nach der Zeit t. Dies ergibt

$$\sum_{i=1}^{3n} \frac{\partial F_j}{\partial \dot{x}_i} \ddot{x}_i + \varphi_j (x_i, \dot{x}_i, t) = 0 . \tag{7,21}$$

Hierbei haben wir alle Glieder, in denen keine $\ddot{x}_i$ auftreten, in das Symbol φ_j zusammengefaßt. Setzt man

$$\frac{\partial F_j}{\partial \dot{x}_i} = f_{ji} (x_k, \dot{x}_k, t) , \quad k = 1, 2, \ldots, 3n \tag{7,22}$$

so geht (7,21) in

$$\sum_{i=1}^{3n} f_{ji} \ddot{x}_i + \varphi_j (x_k, \dot{x}_k, t) = 0 , \quad j = 1, 2, \ldots, r \tag{7,23}$$

über. Dieser Ausdruck ist die Bedingungsgleichung, der die $\ddot{x}_i$ ($i = 1, 2, \ldots, 3n$) zu genügen haben, wenn ein Punktsystem den Nebenbedingungen (7,20) unterworfen ist.

Nach dem Gaussschen Prinzip erhält man daher die Bewegungsgleichungen dieses Systems aus der Forderung: Minimum von (7,19) unter Beachtung von (7,23). Dies verlangt, $\ddot{x}_i$ aus den $3n$ Gleichungen

$$\frac{\partial}{\partial \ddot{x}_i} \left\{ Z + \sum_{j=1}^{r} \mu_j \left[\sum_{l=1}^{3n} f_{jl} \ddot{x}_l + \varphi_j (x_k, \dot{x}_k, t) \right] \right\} = 0 , \quad i = 1, 2, \ldots, 3n \tag{7,24}$$

zu bestimmen. Mit (7,19) wird daraus

$$\frac{\partial}{\partial \ddot{x}_i} \left\{ \sum_{l=1}^{3n} m_l \left(\ddot{x}_l - \frac{K_l}{m_l} \right)^2 + \sum_{j=1}^{r} \mu_j \left[\sum_{l=1}^{3n} f_{jl} \ddot{x}_l + \varphi_j (x_k, \dot{x}_k, t) \right] \right\} = 0 , \tag{7,25}$$
$$i = 1, 2, \ldots, 3n.$$

Führt man die Differentiation aus, so erhält man

$$m_i \ddot{x}_i = K_i + \sum_{j=1}^{r} \lambda_j \frac{\partial F_j}{\partial \dot{x}_i} , \quad i = 1, 2, \ldots, 3n \tag{7,26}$$

wobei

$$-\frac{\mu_j}{2} = \lambda_j \tag{7,27}$$

gesetzt und (7,22) beachtet wurde.

Wir wollen ein *Beispiel* für die Anwendung von (7,26) geben und betrachten hierzu einen Massenpunkt m, der sich unter dem Einfluß der Kraft $\mathfrak{K}$ bewege. Der

Massenpunkt sei dabei der Bedingung unterworfen, daß seine Geschwindigkeit $\mathfrak{v}$ während der gesamten Bewegung den konstanten Betrag

$$|\mathfrak{v}| = |\dot{\mathfrak{r}}| = v_0 \tag{7,28}$$

habe. Wir fragen, wie in diesem Fall die Bewegungsgleichung von m lautet.
Nach (7,28) lautet die zu erfüllende Nebenbedingung

$$F(\dot{\mathfrak{r}}) = |\dot{\mathfrak{r}}|^2 - v_0^2 = 0\,. \tag{7,29}$$

Sie ist also, weil in ihr $\dot{\mathfrak{r}}$ eingeht, nach der in Kapitel 4 gegebenen Klassifizierung eine nichtholonom-rheonome Nebenbedingung. Daher ist die gesuchte Bewegungsgleichung durch (7,26) gegeben. Für den hier betrachteten Fall, daß nur **ein** Massenpunkt, ($i = 1, 2, 3 \to x, y, z$), vorliegt, können die drei Gleichungen, auf die sich das System (7,26) reduziert, unter Verwendung der Vektorsymbolik in

$$m\,\ddot{\mathfrak{r}} = \mathfrak{K} + \lambda\,\mathrm{grad}_{\dot{\mathfrak{r}}}\,F(\dot{\mathfrak{r}}) \tag{7,30}$$

zusammengefaßt werden. Diese Gleichung ist das Gegenstück zu (6,5). Der Unterschied zwischen dieser Gleichung und (7,30) ist der, daß in (6,5) der Gradient der Nebenbedingungen, gebildet im **Ortsraum**, auftritt, dagegen in (7,30) der Gradient der Nebenbedingung, gebildet im **Geschwindigkeitsraum**, eingeht. Dieser Unterschied wurde hier dadurch ausgedrückt, daß in (7,30) das Symbol $\mathrm{grad}_{\dot{\mathfrak{r}}}$ verwendet wurde.
Mit (7,29) wird aus (7,30):

$$m\,\ddot{\mathfrak{r}} = \mathfrak{K} + 2\,\lambda\,\dot{\mathfrak{r}}\,. \tag{7,31}$$

Hierin ist der LAGRANGEsche Multiplikator λ unbekannt und muß durch die vorgegebenen Größen $\mathfrak{K}$ und v_0 ausgedrückt werden. Dies läßt sich wie folgt erreichen. Zunächst erhält man aus der Nebenbedingung (7,29) durch Differentiation

$$2\,\dot{\mathfrak{r}}\cdot\ddot{\mathfrak{r}} = 0\,. \tag{7,32}$$

Multipliziert man (7,31) mit $\dot{\mathfrak{r}}$, so wird daher

$$m\,\ddot{\mathfrak{r}}\cdot\dot{\mathfrak{r}} = 0 = \mathfrak{K}\cdot\dot{\mathfrak{r}} + 2\,\lambda\,\dot{\mathfrak{r}}^2 \tag{7,33}$$

$$= \mathfrak{K}\cdot\dot{\mathfrak{r}} + 2\,\lambda\,v_0^2 \tag{7,34}$$

und hieraus

$$2\,\lambda = \frac{\mathfrak{K}\cdot\dot{\mathfrak{r}}}{v_0^2}. \tag{7,35}$$

Damit läßt sich λ aus (7,31) eliminieren. Man erhält

$$m\,\ddot{\mathfrak{r}} = \mathfrak{K} - \frac{\mathfrak{K}\cdot\dot{\mathfrak{r}}}{v_0^2}\,\dot{\mathfrak{r}}\,. \tag{7,36}$$

Dies ist die gesuchte Bewegungsgleichung von m.
Für den Sonderfall, daß $\mathfrak{K} = 0$ ist, folgt aus (7,36):

$$\dot{\mathfrak{r}} = \mathfrak{v}_0\,. \tag{7,37}$$

In diesem Fall ist nicht nur der Betrag $|\mathfrak{v}| = v_0$, sondern auch die Richtung von $\mathfrak{v}_0$ konstant.

Für den Fall, daß die Nebenbedingungen (7,20) in den Geschwindigkeitskomponenten $\dot{x}_i$ linear sind, haben sie — Erweiterung von (4,10) — die Form

$$(7{,}38)\qquad F_j = \varphi_{j1}(x_k, t)\,\dot{x}_1 + \varphi_{j2}(x_k, t)\,\dot{x}_2 + \dots + \varphi_{j3n}(x_k, t)\,\dot{x}_{3n} + \varphi_{j0}(x_k, t) = 0\,, \quad j = 1, 2, \dots, r.$$

Statt (7,38) wollen wir — wieder unter Verwendung der Summenschreibweise —

$$(7{,}39)\qquad F_j = \sum_{\lambda=1}^{3n} \varphi_{j\lambda}(x_k, t)\,\dot{x}_\lambda + \varphi_{j0}(x_k, t) = 0\,, \quad j = 1, 2, \dots, r$$

schreiben.

Beim Vorliegen dieser Nebenbedingungen lauten nach (7,26) die Bewegungsgleichungen

$$(7{,}40)\qquad m_i\,\ddot{x}_i = K_i + \sum_{j=1}^{r} \lambda_j\,\varphi_{ji}(x_k, t)\,.$$

Liegen nicht anholonome, sondern p holonome Nebenbedingungen

$$(7{,}41)\qquad \Phi_j(x_i, t) = 0\,, \quad j = 1, 2, \dots, p$$

vor, so hat man, um die Bedingungsgleichungen für die $\ddot{x}_i$ zu finden, (7,41) zweimal nach der Zeit t zu differenzieren, weil erst dann die $\ddot{x}_i$ als Faktoren auftreten. Man erhält zunächst

$$(7{,}42)\qquad \frac{d\Phi_j}{dt} = \sum_{i=1}^{3n} \frac{\partial \Phi_j}{\partial x_i}\,\dot{x}_i + \frac{\partial \Phi_j}{\partial t} = 0$$

und hieraus

$$(7{,}43)\qquad \frac{d^2\Phi_j}{dt^2} = \sum_{i=1}^{3n} \frac{\partial \Phi_j}{\partial x_i}\,\ddot{x}_i + \dots = 0\,.$$

Hierbei sind mit den Punkten Glieder gemeint, in denen keines der $\ddot{x}_i$ auftritt und die daher bei einer Variation im Sinne von GAUSS (nur $\delta\,\ddot{x}_i \neq 0$) verschwinden.

Gl. (7,43) ist das Analogon von (7,23). Man erhält daher als Gegenstück zu (7,26) nunmehr als Bewegungsgleichungen

$$(7{,}44)\qquad m_i\,\ddot{x}_i = K_i + \sum_{j=1}^{p} \lambda_j \frac{\partial \Phi_j}{\partial x_i}\,.$$

In dem Sonderfall, daß die Nebenbedingungen (7,41) die Zeit t nicht explizit enthalten, d. h. daß sie skleronom sind, stimmt (7,44) mit (6,19) überein (wenn dort F_j durch Φ_j und r durch p ersetzt wird).

Man kann auf analogem Weg, wie er vorstehend beschritten wurde, auch die Bewegungsgleichungen für den „gemischten“ Fall gewinnen. Damit ist gemeint, daß die Bewegungsfreiheit eines Systems durch $r + p$ Nebenbedingungen eingeschränkt ist, von denen r anholonom und die restlichen p holonom sind. Wir verzichten jedoch hier auf die Behandlung dieses Falles, weil wir auf ihn später (Kapitel 14) in anderem Zusammenhang zurückkommen werden.

8. Energetische Betrachtungen

Die in dem vorstehenden Kapitel hergeleiteten „LAGRANGEschen Gleichungen 1. Art" (7,17), (7,26) und (7,31) sind Erweiterungen der NEWTONschen Bewegungsgleichung (1,1) und müssen an Stelle ihrer verwendet werden, wenn die Aufgabe vorliegt, die Bewegung von Massenpunkten zu beschreiben, die Nebenbedingungen unterworfen sind.

Wir wollen nun die Frage untersuchen, ob und gegebenenfalls unter welchen Bedingungen aus den erweiterten Bewegungsgleichungen der „Energiesatz der Mechanik" folgt.

Um an diesen Begriff zu erinnern, schließen wir an die Definition der Arbeit an, die eine Kraft $\mathfrak{K}$ an einem Massenpunkt m verrichtet. Die Arbeit ist als das Wegintegral

$$A_{12} = \int_{\mathfrak{r}_1}^{\mathfrak{r}_2} \mathfrak{K} \cdot d\mathfrak{r} \tag{8,1}$$

definiert. Sie hängt im allgemeinen „vom Wege" ab, der von der Anfangslage $\mathfrak{r}_1$ zur Endlage $\mathfrak{r}_2$ von m führt. Es ist daher das „Arbeitselement"

$$đA = \mathfrak{K} \cdot d\mathfrak{r} = \mathfrak{K} \cdot \dot{\mathfrak{r}}\, dt \tag{8,2}$$

im allgemeinen ein nichtvollständiges Differential in den Ortskoordinaten, weshalb das Zeichen $đ$ verwendet wurde.

Drückt man in (8,1) die Kraft $\mathfrak{K}$ nach der NEWTONschen Bewegungsgleichung (1,1) aus, so erhält man

$$A_{12} = \int_{\mathfrak{r}_1}^{\mathfrak{r}_2} m\, \ddot{\mathfrak{r}} \cdot d\mathfrak{r} = \int_{t_1}^{t_2} m\, \ddot{\mathfrak{r}} \cdot \dot{\mathfrak{r}}\, dt = \int_{t_1}^{t_2} \frac{d}{dt}\frac{m}{2}\dot{\mathfrak{r}}^2\, dt \tag{8,3}$$

$$= \int_{t_1}^{t_2} d\left(\frac{m}{2}\dot{\mathfrak{r}}^2\right) = T_2 - T_1\,, \tag{8,4}$$

wobei

$$T = \frac{m}{2}\dot{\mathfrak{r}}^2 = \frac{m}{2}\mathfrak{v}^2 \tag{8,5}$$

als die kinetische Energie des Massenpunktes m bezeichnet wird.[1]) In (8,4) bedeuten T_1 bzw. T_2 die kinetischen Energien von m zu den Zeiten t_1 bzw. t_2.

[1]) Historisch sei erwähnt, daß dieser Begriff auf LEIBNIZ (* 1646 in Leipzig, † 1716 in Hannover) zurückgeht, der ihn 1695 als „lebendige Kraft" (vis viva) in die Physik einführte.

Es sagt also (8,3/4) aus: Die Änderung der kinetischen Energie zwischen den Zeiten t_1 und t_2 ist gleich der während dieser Zeitspanne geleisteten Arbeit A_{12} der Kraft $\mathfrak{K}$ an m.

Diese Aussage heißt der „Energiesatz der Mechanik", der in der Literatur formelmäßig überwiegend durch

(8,6) $$dA = dT$$

ausgedrückt wird, während wir ihn nach (8,3/4) durch

(8,7) $$A_{12} = T_2 - T_1$$

formulieren wollen.

Der „Energiesatz" (8,7) nimmt eine besondere Form an, wenn $\mathfrak{K}$ eine **konservative** Kraft ist, d. h. wenn sich $\mathfrak{K}$ in der Form

(8,8) $$\mathfrak{K} = -\operatorname{grad} V(\mathfrak{r})$$

darstellen läßt. Die in (8,8) auftretende skalare Ortsfunktion $V = V(\mathfrak{r})$ heißt das zu $\mathfrak{K}$ gehörige *Potential*. Wenn (8,8) gilt, so nimmt das „Arbeitselement" (8,2) die Form

(8,9) $$dA = \mathfrak{K} \cdot d\mathfrak{r} = -d\mathfrak{r} \cdot \operatorname{grad} V = -dV$$

an, d. h. nun ist dA ein totales Differential. Daher ist die von $\mathfrak{K}$ geleistete Arbeit

(8,10) $$A_{12} = -\int_{\mathfrak{r}_1}^{\mathfrak{r}_2} dV = V(\mathfrak{r}_1) - V(\mathfrak{r}_2) = V_1 - V_2$$

in diesem Sonderfall **allein** von der Anfangslage $\mathfrak{r}_1$ und der Endlage $\mathfrak{r}_2$ von m, **nicht** dagegen „vom Weg", der von $\mathfrak{r}_1$ nach $\mathfrak{r}_2$ führt, abhängig.

Kombiniert man (8,10) mit (8,7), so nimmt der Energiesatz für konservative Kräfte die Form

(8,11) $$V_1 - V_2 = T_2 - T_1$$

oder

(8,12) $$T_1 + V_1 = T_2 + V_2$$

an. Es ist also demnach die Summe von kinetischer Energie T und V, das man in diesem Zusammenhang als *potentielle Energie* bezeichnet, für je zwei beliebige Zustände 1 und 2 gleich. Man kann daher statt (8,12) auch

(8,13) $$T + V = E \ (= \text{const})$$

schreiben. Man nennt E die *Gesamtenergie* von m. Wegen der willkürlichen Wahl der Zustände 1 und 2 ist E eine von der Zeit t (der einzigen unabhängigen Variablen in der Punktmechanik!) **nicht** abhängige Größe. Liegt eine solche vor, so spricht man von einer *Erhaltungsgröße*. Statt (8,13) kann man daher auch

(8,14) $$\frac{dE}{dt} = 0$$

schreiben. Diese Gleichung wird als „Satz von der Erhaltung der Energie" bezeichnet.

Nach dieser Erinnerung wollen wir an die Beantwortung der eingangs gestellten Frage gehen: Unter welchen Umständen gilt der „Energiesatz" (8,7) für Bewegungsvorgänge, die durch die im vorstehenden Kapitel angegebenen LAGRANGEschen Bewegungsgleichungen 1. Art beschrieben werden müssen.

Wir gehen der Allgemeinheit halber von den für die nichtholonom-rheonomen Nebenbedingungen (7,29) hergeleiteten Bewegungsgleichungen (7,30) aus, multiplizieren jede von ihnen mit dx_i, $(i = 1, 2, \ldots, 3\,n)$, integrieren dann zwischen einer Anfangslage $(x_i)_1$ und einer Endlage $(x_i)_2$ des Systems und addieren danach. Dieses liefert

$$(8,15)\qquad \sum_{i=1}^{3n} \int_{(x_i)_1}^{(x_i)_2} K_i\,dx_i = \sum_{i=1}^{3n} \int_{(x_i)_1}^{(x_i)_2} m_i\,\ddot{x}_i\,dx_i - \sum_{i=1}^{3n} \int_{(x_i)_1}^{(x_i)_2} \sum_{j=1}^{r} \lambda_j\,\varphi_{ji}\,dx_i\,.$$

Das Integral auf der linken Seite dieser Gleichung ist die von der Kraftkomponente K_i zwischen $(x_i)_1$ und $(x_i)_2$ geleistete Arbeit A_{12}, so daß

$$(8,16)\qquad \sum_{i=1}^{3n} \int_{(x_i)_1}^{(x_i)_2} K_i\,dx_i = \sum_{i=1}^{3n} A_{12}^{(i)} = A_{12}$$

die gesamte von allen auf das Punktsystem wirkenden Kräfte geleistete Arbeit A_{12} angibt.

Das erste Glied auf der rechten Seite von (8,15) kann man, so wie eingangs angegeben, umformen. Es ist

$$(8,17)\qquad \int_{(x_i)_1}^{(x_i)_2} m_i\,\ddot{x}_i\,dx_i = \int_{t_1}^{t_2} m_i\,\ddot{x}_i\,\dot{x}_i\,dt = \int_{t_1}^{t_2} \frac{d}{dt}\,\frac{m_i}{2}\,\dot{x}_i^2\,dt = \int_{t_1}^{t_2} d\,T_i\,,$$

daher also

$$(8,18)\qquad \sum_{i=1}^{3n} \int_{(x_i)_1}^{(x_i)_2} m_i\,\ddot{x}_i\,dx_i = \sum_{i=1}^{3n} \int_{t_1}^{t_2} d\,T_i$$

$$(8,19)\qquad = \Big(\sum_i T_i\Big)_2 - \Big(\sum_i T_i\Big)_1$$

$$(8,20)\qquad = T_2 - T_1\,,$$

d. h. die Änderung der kinetischen Energie des Punktsystems während der Zeitspanne $t_2 - t_1$. Es geht daher (8,15) mit (8,16) und (8,20) in

$$(8,21)\qquad A_{12} = T_2 - T_1 - \sum_{i=1}^{3n} \int_{t_1}^{t_2} \sum_{j=1}^{r} \lambda_j\,\varphi_{ji}\,(x_k, t)\,\dot{x}_i\,dt$$

über.

Da es sich um endliche Summen handelt, darf im letzten Glied von (8,21) Addition und Integration vertauscht werden, so daß auch

$$A_{12} = T_2 - T_1 - \int_{t_1}^{t_2} \sum_j \lambda_j \left(\sum_i \varphi_{ji} \dot{x}_i\right) dt \tag{8,22}$$

gilt.

Nach (7,29) ist nun aber

$$\sum_{i=1}^{3n} \varphi_{ji} \dot{x}_i = - \varphi_{j0}(x_k, t)\,. \tag{8,23}$$

Damit geht (8,22) in

$$A_{12} = T_2 - T_1 - \int_{t_1}^{t_2} \sum_{j=1}^{r} \lambda_j \varphi_{j0}(x_k, t)\, dt \tag{8,24}$$

über.

Ein Vergleich dieses Ausdruckes mit dem „Energiesatz“ (8,7) zeigt, daß im Fall des Vorliegens der nichtholonom-rheonomen Nebenbedingungen (7,29) i. allg. der — wie man es auszudrücken pflegt — „Energiesatz nicht gilt“.

Diese Aussage bleibt unverändert, wenn nicht die nichtholonom-rheonomen Nebenbedingungen (7,29), sondern die r holonom-rheonomen Nebenbedingungen

$$\Phi_j(x_i, t) = 0\,, \quad j = 1, 2, \ldots, r \tag{8,25}$$

vorliegen. In Differentialform geschrieben, lauten sie

$$d\Phi_j = \sum_i \frac{\partial \Phi_j}{\partial x_i} dx_i + \frac{\partial \Phi_j}{\partial t} dt = 0 \tag{8,26}$$

oder

$$\sum_i \frac{\partial \Phi_j}{\partial x_i} \dot{x}_i + \frac{\partial \Phi_j}{\partial t} = 0\,. \tag{8,27}$$

Ein Vergleich mit (7,29) zeigt, daß nun in (8,23) für

$$\varphi_{j0} = \frac{\partial \Phi_j}{\partial t} \tag{8,28}$$

zu setzen ist, womit man jetzt an Stelle von (8,24):

$$A_{12} = T_2 - T_1 - \int_{t_1}^{t_2} \sum_j \lambda_j \frac{\partial \Phi_j(x_i, t)}{\partial t} dt \tag{8,29}$$

erhält, und das heißt, daß auch im Falle des Vorliegens holonomer Nebenbedingungen, sofern sie rheonom sind, „der Energiesatz nicht gilt“.

Liegen dagegen skleronome (gleichgültig ob holonome oder nichtholonome) Nebenbedingungen vor, so sind p. def. (vgl. Kapitel 4) die

(8,30) $$\varphi_{j0} = 0$$

(8,31) $$\frac{\partial \Phi_j}{\partial t} = 0$$

und damit gehen (8,24) bzw. (8,29) in (8,7) über. Man hat also das Resultat: Der „Energiesatz" (8,7) gilt nur beim Vorliegen skleronomer Nebenbedingungen, unabhängig davon, ob sie holonom oder nichtholonom sind.

9. Generalisierte holonome und nichtholonome Koordinaten

Zur Beschreibung der Lage eines aus n Massenpunkten m_i ($i = 1, 2, \ldots, n$) bestehenden freien Punktsystems werden vielfach die $3\,n$ Komponenten x_i, y_i, z_i der Ortsvektoren $\mathfrak{r}_i = \{x_i, y_i, z_i\}$ der einzelnen Massenpunkte m_i, d. h. cartesische Koordinaten, verwendet. Diese erweisen sich im allgemeinen als geeignete Größen zur Behandlung mechanischer Probleme, sofern keine Nebenbedingungen zu beachten sind. Liegen jedoch solche vor, d. h. hat das System (sagen wir r) Nebenbedingungen zu erfüllen, so wird manchmal die Verwendung cartesischer Koordinaten unzweckmäßig sein, weil sie — eben wegen der Nebenbedingungen — nun nicht mehr voneinander unabhängig sind. In solchen Fällen wird man bestrebt sein, entsprechend der Anzahl

(9,1) $$f = 3\,n - r$$

der Freiheitsgrade[1]) des unfreien Punktsystems, f neue Koordinaten

(9,2) $$q_k = q_k(t)\,, \quad k = 1, 2, \ldots, f$$

einzuführen, die voneinander *un*abhängig sind. Hierzu können z. B. Winkel, Flächen oder auch nichtgeometrische Größen verwendet werden. Man bezeichnet daher die q_k als *generalisierte* (oder *verallgemeinerte*) Koordinaten. Ihre Verwendung bringt — wegen der ausdrücklich verlangten Unabhängigkeit — den Vorteil mit sich, daß dann vorliegende Nebenbedingungen nicht mehr beachtet zu werden brauchen, weil diese — wie man häufig sagt — durch die geeignet zu wählenden q_k „von selbst" erfüllt werden.

Welche f Größen man als generalisierte Koordinaten q_k ($k = 1, 2, \ldots, f$) zweckmäßig wählt, hängt von der zu behandelnden Aufgabe (von „der Natur des Problems") ab. In jedem Fall muß jedoch zwischen den q_k und den $\mathfrak{r}_i = \{x_i, y_i, z_i\}$, ($i = 1, 2, \ldots, n$), ein Zusammenhang bestehen,

[1]) Zur Erinnerung: Die Anzahl f der Freiheitsgrade eines Systems ist die Zahl derjenigen voneinander unabhängigen Koordinaten, deren Angabe erforderlich ist, um die Lage eines betrachteten Systems eindeutig zu beschreiben.

weil die jeweilige Lage des betrachteten Punktsystems p. def. sowohl durch die f generalisierten Koordinaten q_k als auch durch die n Ortsvektoren $\mathfrak{r}_i$ der Massenpunkte m_i eindeutig beschrieben werden kann.

Es müssen also n Verknüpfungsgleichungen von der Form

$$\mathfrak{r}_i = \mathfrak{r}_i(q_1, q_2, \ldots, q_f), \quad i = 1, 2, \ldots, n \tag{9,3}$$

existieren, aus denen man durch Auflösung nach den q_k die f Gleichungen

$$q_k = q_k(\mathfrak{r}_1, \mathfrak{r}_2, \ldots, \mathfrak{r}_n), \quad k = 1, 2, \ldots, f \tag{9,4}$$

erhält.

Verwendet man die in Kapitel 6 erklärte Schreibweise der „Durchnumerierung", so nehmen die letzten Gleichungen die Form

$$x_i = x_i(q_1, q_2, \ldots, q_f), \quad i = 1, 2, \ldots, 3n \tag{9,5}$$

$$q_k = q_k(x_1, x_2, \ldots, x_{3n}), \quad k = 1, 2, \ldots, f \tag{9,6}$$

an.

Es hat sich eingebürgert, die vorstehenden Gleichungen in der abgekürzten Form

$$x_i = x_i(q_k) \tag{9,7}$$

$$q_k = q_k(x_i) \tag{9,8}$$

zu schreiben. Wir wollen uns diesem Brauch anschließen und werden künftig daher die Zusätze

$$i = 1, 2, \ldots, 3n \tag{9,9}$$

$$k = 1, 2, \ldots, f \tag{9,10}$$

nicht mehr angeben. Es bedeuten also von jetzt ab i bzw. k stets die durch (9,9/10) angegebenen Laufindizes, sofern nicht ausdrücklich etwas anderes gesagt wird.

In Anlehnung an die in Kapitel 4 erklärten Begriffe nennt man die q_k, wenn sie mit den x_i gemäß (9,8) verknüpft sind, *holonom-skleronome* Koordinaten. Sind unter den Nebenbedingungen solche von rheonomem Charakter, so gilt an Stelle von (9,8):

$$q_k = q_k(x_i, t), \tag{9,11}$$

die man als *holonom-rheonome* Koordinaten bezeichnet.

Zu einer zweiten Klasse von generalisierten Größen gelangt man durch Differentiation der q_k nach der Zeit t. Dies führt zu den f Ausdrücken

$$\dot{q}_k = \frac{dq_k}{dt}. \tag{9,12}$$

Sie werden als *generalisierte Geschwindigkeitskoordinaten* (manchmal auch als *generalisierte Geschwindigkeiten* schlechthin) bezeichnet, obwohl sie keineswegs die Dimension einer Geschwindigkeit zu haben brauchen.

Aus (9,8) ergibt sich

(9,13) $$\dot{q}_k = \sum_{i=1}^{3n} \frac{\partial q_k}{\partial x_i} \dot{x}_i$$

(9,14) $$= \sum_{i=1}^{3n} f_{ki} (x_1, x_2, \ldots, x_{3n}) \dot{x}_i .$$

Hieraus ist ersichtlich, daß die $\dot{q}_k$ nicht nur von den rechtwinkligen Geschwindigkeitskomponenten $\dot{x}_i$ (linear), sondern im allgemeinen auch noch von den Koordinaten x_i (irgendwie) abhängen. Mit Verwendung der vorstehend eingeführten Kurzschreibweise ist also

(9,15) $$\dot{q}_k = \dot{q}_k (\dot{x}_i, x_i) .$$

Im Fall, daß rheonome Nebenbedingungen vorliegen, tritt in (9,15) noch die Zeit t als weitere unabhängige Variable auf.

Statt die zwischen den x_i und q_k bestehenden Verknüpfungen durch (9,7) auszudrücken, kann man sie auch in Form der (vollständigen) Differentiale

(9,16) $$dx_i = \sum_{l=1}^{f} \frac{\partial x_i}{\partial q_l} dq_l$$

(9,17) $$= \sum_{l=1}^{f} a_{il} (q_k) \, dq_l$$

angeben.

In manchen Fällen — Beispiele hierfür sind u. a. in [1] angegeben — ist es zweckmäßig, statt der f generalisierten Koordinaten q_k andere f Größen einzuführen, die lineare Differentialausdrücke der q_k sind. Bezeichnet man diese Größen mit $đ\xi_k$, so ist mit

(9,18) $$đ\xi_k = \sum_{j=1}^{f} \alpha_{kj} (q_1, q_2, \ldots, q_f) \, dq_j$$

gemeint.

Genügen die Koeffizienten α_{kj} den Integrabilitätsbedingungen

(9,19) $$\frac{\partial \alpha_{kj}}{\partial q_l} - \frac{\partial \alpha_{kl}}{\partial q_j} = 0$$

für alle Indizes k, j, l, so lassen sich aus (9,18) durch Integration f Variable ξ_k als Funktionen der q_k gewinnen. Es haben daher in diesem Fall die ξ_k denselben (analytischen) Charakter wie die q_k, d. h. es liegt, verglichen mit (9,11), nichts Neues vor.

Wohl aber ist dies der Fall, wenn (9,19) für mindestens ein Tripel k, j, l *nicht* erfüllt ist. Dann sind die durch (9,18) angegebenen Ausdrücke nichttotale Differentiale.

Man nennt nach BOLTZMANN die $đ\xi_k$ „Differentiale von nichtholonomen Koordinaten“ oder auch „Quasikoordinaten“. Diese Bezeichnungen sind nicht gerade glücklich gewählt, weil sie das Wort Koordinaten enthalten und daher zu der Auffassung verleiten könnten, daß es „echte“ Koordinaten „ξ_k“ gibt. Diese müßten aus (9,18) bestimmbar sein. Das ist aber nicht möglich, weil diese Differentialformen voraussetzungsgemäß nichtintegrabel sind. Durch (9,18) werden daher keine „echten“ Koordinaten „ξ_k“, sondern eben nur die unvollständigen Differentiale $đ\xi_k$ definiert.[1])

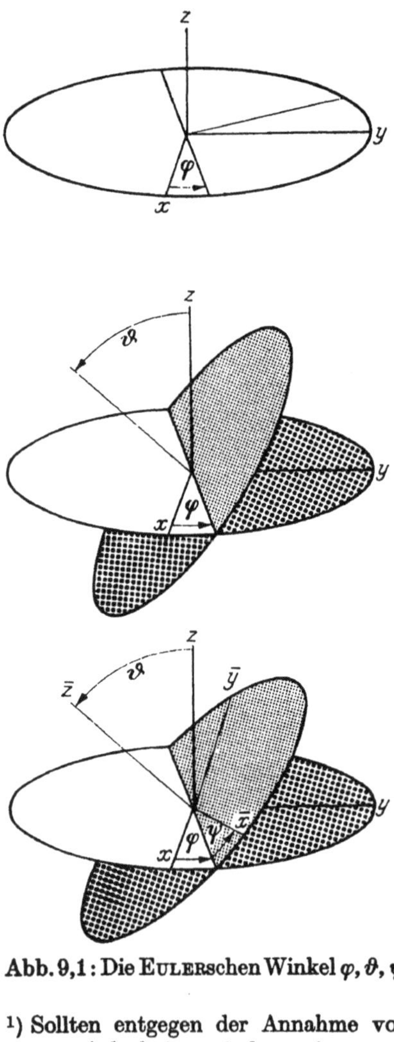

Abb. 9,1: Die EULERschen Winkel φ, ϑ, ψ.

Auf ein *Beispiel* für das Auftreten von Quasikoordinaten stößt man in der Stereomechanik. Es handele sich darum, die Lage eines (sich nicht translatorisch bewegenden, sondern nur) rotierenden Körpers K im Raum zu beschreiben. Dies kann wie folgt geschehen: Man denke sich vor Beginn der Rotation von K ein im Raum fest verankertes Bezugssystem $S\,(x, y, z)$ und ein weiteres mit dem Körper fest verbundenes Koordinatensystem $\bar{S}\,(\bar{x}, \bar{y}, \bar{z})$ angebracht. Es bedeutet keine Einschränkung der Allgemeinheit, wenn man annimmt, daß anfänglich die Achsen von S und $\bar{S}$ zusammenfallen. Nachdem K eine Drehung ausgeführt hat, ist seine neue Lage bekannt, wenn man die neun Winkel zwischen den Achsen des raumfesten Bezugssystems S und denen des körperfesten Systems $\bar{S}$ angeben kann. Nun bestehen aber zwischen den neun *cos* dieser Winkel sechs Verknüpfungsgleichungen, die Orthogonalitätsrelationen. Dies bedeutet, daß von den neun „Richtungscosinussen“ nur $9 - 6 = 3$ voneinander unabhängig sind. Anders ausgedrückt: Es muß möglich sein, die Lage von $\bar{S}$ relativ zu S durch nur 3 voneinander unabhängige Größen zu beschreiben.

Als solche verwendet man überwiegend die EULERschen *Winkel* φ, ψ, ϑ, deren Bedeutung aus Abb. 9,1 hervorgeht. Diese Winkel sind offensichtlich holonome Koordinaten und ebenso sind $\dot{\varphi}$, $\dot{\psi}$, $\dot{\vartheta}$ wahre Geschwindigkeitskomponenten.

[1]) Sollten entgegen der Annahme von den f Differentialformen (9,18) zufällig $m < f$ doch integrierbar sein, so werden durch (9,18) nur $g = f - m$ nichtholonome Koordinaten definiert. Man nennt g den Grad der Anholonomität der generalisierten Koordinaten.

Man kann nun andererseits die Drehgeschwindigkeit $\mathfrak{w}$ des starren Körpers um die jeweilige Rotationsachse in bezug auf das körperfeste Koordinatensystem $\bar{S}$ in drei (rechtwinklige) Komponenten zerlegen:

$$\mathfrak{w} = \{w_{\bar{x}}, w_{\bar{y}}, w_{\bar{z}}\}\,. \tag{9,20}$$

Wir wollen hierfür, im Anschluß an die von EULER eingeführte und heute noch vielfach verwendete Bezeichnungsweise,

$$\mathfrak{w} = \{p, q, r\} \tag{9,21}$$

schreiben.

Die Stereomechanik lehrt nun,[1]) daß zwischen den Komponenten p, q, r der Winkelgeschwindigkeit $\mathfrak{w}$ und den Geschwindigkeitskomponenten $\dot{\varphi}, \dot{\psi}, \dot{\vartheta}$ die Beziehungen

$$p = \dot{\varphi} \sin\psi \sin\vartheta + \dot{\vartheta}\cos\psi + \dot{\psi}\cdot 0 \tag{9,22}$$

$$q = \dot{\varphi} \cos\psi \sin\vartheta - \dot{\vartheta}\sin\psi + \dot{\psi}\cdot 0 \tag{9,23}$$

$$r = \dot{\varphi} \cos\vartheta \qquad + \dot{\vartheta}\cdot 0 \quad + \dot{\psi}\cdot 1 \tag{9,24}$$

bestehen. Multipliziert man diese Gleichungen mit dt, so erhält man

$$p\,dt = \bar{d}\xi_1 = \sin\psi\sin\vartheta\cdot d\varphi + \cos\psi\cdot d\vartheta \tag{9,25}$$

$$q\,dt = \bar{d}\xi_2 = \cos\psi\sin\vartheta\cdot d\varphi - \sin\psi\cdot d\vartheta \tag{9,26}$$

$$r\,dt = \bar{d}\xi_3 = \cos\vartheta\cdot d\varphi \qquad + d\psi\,. \tag{9,27}$$

Diese Ausdrücke sind von der Form (9,18). Man überzeugt sich unschwer davon, daß sie die Integrabilitätsbedingungen (9,19) nicht erfüllen. So folgt z. B. aus (9,25):

$$\frac{\partial}{\partial\vartheta}\sin\psi\,\sin\vartheta - \frac{\partial}{\partial\varphi}\cos\psi \tag{9,28}$$

$$= \sin\psi\cos\vartheta \neq 0\,, \tag{9,29}$$

während nach (9,19) die Differenz (9,28) verschwinden sollte.

Es sind daher die Ausdrücke (9,25—27) genau von der Beschaffenheit, wie sie von den durch (9,18) definierten „Differentiale von Quasikoordinaten" verlangt wurden. Dies rechtfertigt, daß in (9,25) für

$$p\,dt = \bar{d}\xi_1 \tag{9,30}$$

usw. gesetzt wurde.

Schreibt man in (9,18) für

$$dq_j = \dot{q}_j\,dt\,, \tag{9,31}$$

so erhält man nach Division durch dt

$$\left\{\frac{\bar{d}\xi_k}{dt}\right\} = \overset{*}{\xi}_k = \sum_{j=1}^{f} \alpha_{kj}\,\dot{q}_j\,. \tag{9,32}$$

[1]) Vgl. hierzu etwa [12]. S. 373 Gl. (61), dort statt $p \rightarrow \overset{*}{\pi}, \ldots$

Die in der Summe auftretenden $\dot{q}_j$ sind die durch (9,12) definierten generalisierten Geschwindigkeiten. Dagegen ist der in (9,32) linksseitig stehende Quotient *nicht* die zeitliche Ableitung einer Funktion „$\xi_k = \xi_k(t)$", weil es diese nach Voraussetzung nicht gibt. Um dies deutlich zum Ausdruck zu bringen, wurde in (9,32) der Quotient zusätzlich in geschweifte Klammern gesetzt. Zur Abkürzung schreiben wir dafür $\overset{*}{\xi}$, wobei der Stern an Stelle des Punktes verwendet wurde, eben um die Auffassung zu verhüten, daß es sich um einen zeitlichen Differentialquotienten der Größe „ξ_k" handele.

Die $\overset{*}{\xi}_k$ besitzen, weil sie allgemeiner als die $\dot{q}_k$ sind, gewisse Eigenschaften dieser Größen nicht mehr. Um dies nachzuweisen, werde eine „wahre" generalisierte Koordinate

$$q_k = q_k(t) \tag{9,33}$$

betrachtet, wobei jetzt mit k eine beliebige, aber feste Zahl zwischen 1 und f gemeint ist. Durch (9,23) wird in der q_k-t-Ebene eine Kurve beschrieben. Wir ordnen dieser Kurve eine Nachbarkurve

$$\bar{q}_k(t) = q_k(t) + \delta q_k(t) \tag{9,34}$$

in solcher Weise zu, daß jedem Punkt $q_k(t)$ ein Punkt $\bar{q}_k(t)$ entspricht, der zu demselben Argument t gehört. Dann gilt nach (3,28):

$$\delta \frac{dq_k}{dt} = \frac{d}{dt} \delta q_k, \tag{9,35}$$

d. h. bei holonomen Koordinaten sind die Operatoren δ und d/dt vertauschbar.

Diese Vertauschbarkeit gilt jedoch nicht mehr für die „Differentiale nichtholonomer Koordinaten" $d\xi_k$. Um dieses zu zeigen, muß zunächst festgelegt werden, was unter der Variation $\delta \xi_k$ zu verstehen ist. Wir definieren sie durch den Ausdruck, der sich ergibt, wenn in (9,18) die Differentiale dq_j durch δq_j ersetzt werden. Es ist also mit der Variation $\delta \xi_k$ der Ausdruck

$$\delta \xi_k = \sum_{j=1}^{f} \alpha_{kj}(q_1, q_2, \ldots, q_f)\, \delta q_j \tag{9,36}$$

gemeint. Bildet man die zeitliche Ableitung von $\delta \xi_k$, so erhält man

$$\frac{d}{dt} \delta \xi_k = \sum_{j=1}^{f} \alpha_{kj} \frac{d}{dt} \delta q_j + \sum_{j=1}^{f} \dot{\alpha}_{kj}\, \delta q_j \tag{9,37}$$

oder unter Beachtung von (9,35):

$$\frac{d}{dt} \delta \xi_k = \sum_{j=1}^{f} \alpha_{kj}\, \delta \dot{q}_j + \sum_{j=1}^{f} \dot{\alpha}_{kj}\, \delta q_j. \tag{9,38}$$

Andererseits ergibt sich aus (9,32)

$$\delta \overset{*}{\xi}_k = \sum_{j=1}^{f} \alpha_{kj}\, \delta \dot{q}_j + \sum_{j=1}^{f} \dot{q}_j\, \delta \alpha_{kj}. \tag{9,39}$$

Durch Differenzbildung erhält man aus den beiden letzten Gleichungen

$$\delta \dot{\xi}_k - \frac{d}{dt}\,\delta \xi_k = \sum_{j=1}^{f} (\dot{q}_j\, \delta \alpha_{kj} - \dot{\alpha}_{kj}\, \delta q_j)\,. \tag{9,40}$$

Dies läßt sich umformen. Nach (9,18) ist

$$\alpha_{kj} = \alpha_{kj}(q_1, q_2, \ldots, q_f)\,, \tag{9,41}$$

also

$$\dot{\alpha}_{kj} = \sum_{l=1}^{f} \frac{\partial \alpha_{kj}}{\partial q_l}\,\dot{q}_l\,. \tag{9,42}$$

Setzt man dies in (9,40) ein, so wird daraus

$$\delta \dot{\xi}_k - \frac{d}{dt}\,\delta \xi_k = \sum_{j=1}^{f} \dot{q}_j\, \delta \alpha_{kj} - \sum_{j=1}^{f}\sum_{l=1}^{f} \frac{\partial \alpha_{kj}}{\partial q_l}\,\dot{q}_l\, \delta q_j \tag{9,43}$$

oder nach Vertauschung der Summationsindizes in der Doppelsumme

$$\delta \dot{\xi}_k - \frac{d}{dt}\,\delta \xi_k = \sum_{j=1}^{f} \dot{q}_j \left(\delta \alpha_{kj} - \sum_{l=1}^{f} \frac{\partial \alpha_{kl}}{\partial q_j}\,\delta q_l\right). \tag{9,44}$$

Da nun weiterhin nach (9,41):

$$\delta \alpha_{kj} = \sum_{l=1}^{f} \frac{\partial \alpha_{kj}}{\partial q_l}\,\delta q_l \tag{9,45}$$

ist, geht damit (9,44) in

$$\delta \dot{\xi}_k - \frac{d}{dt}\,\delta \xi_k = \sum_{j=1}^{f}\sum_{l=1}^{f} \left\{\frac{\partial \alpha_{kj}}{\partial q_l} - \frac{\partial \alpha_{kl}}{\partial q_j}\right\} \dot{q}_j\, \delta q_l \tag{9,46}$$

über. Die in dieser Gleichung auftretende Klammer — siehe die Integrabilitätsbedingung (9,19) — ist bei nichtholonomen Koordinaten nach Voraussetzung $\neq 0$. Es gilt daher, im Gegensatz zu (9,35):

$$\delta \dot{\xi}_k - \frac{d}{dt}\,\delta \xi_k \neq 0\,. \tag{9,47}$$

Die „Nichtvertauschbarkeitsrelation" (9,47) läßt sich noch in eine andere Form bringen, indem man (9,36) und (9,32) nach den δq_j bzw. $\dot{q}_j$ auflöst und die für diese Größen gefundenen Ausdrücke in (9,46) einsetzt. Aus (9,36) erhält man für δq_l einen Ausdruck von der Form

$$\delta q_l = \sum_{\varrho=1}^{f} \beta_{l\varrho}\, \delta \xi_\varrho, \tag{9,48}$$

während aus (9,32) für

$$\dot{q}_j = \sum_{\sigma=1}^{f} \beta_{j\sigma}\, \dot{\xi}_\sigma \tag{9,49}$$

folgt.

Geht man mit den beiden letzten Gleichungen in (9,46) ein, so wird daraus

$$\delta\,\dot{\xi}_k - \frac{d}{dt}\delta\,\xi_k = \sum_j \sum_l \left\{\frac{\partial \alpha_{kj}}{\partial q_l} - \frac{\partial \alpha_{kl}}{\partial q_j}\right\} \sum_\sigma \sum_\varrho \beta_{j\sigma}\,\beta_{l\varrho}\,\dot{\xi}_\sigma\,\delta\,\xi_\varrho \tag{9,50}$$

$$= \sum_\sigma \sum_\varrho \left\{\sum_j \sum_l \beta_{j\sigma}\,\beta_{l\varrho}\left(\frac{\partial \alpha_{kj}}{\partial q_l} - \frac{\partial \alpha_{kl}}{\partial q_j}\right)\right\} \dot{\xi}_\sigma\,\delta\,\xi_\varrho\,. \tag{9,51}$$

Für den in der geschweiften Klammer stehenden Ausdruck, der von k, σ und ϱ abhängt, führen wir die Abkürzung

$$-\gamma_{k\sigma\varrho} = \sum_j \sum_l \beta_{j\sigma}\,\beta_{l\varrho}\left(\frac{\partial \alpha_{kj}}{\partial q_l} - \frac{\partial \alpha_{kl}}{\partial q_j}\right) \tag{9,52}$$

ein. Damit geht (9,50) in

$$\delta\,\dot{\xi}_k = \frac{d}{dt}\delta\,\xi_k - \sum_\sigma \sum_\varrho \gamma_{k\sigma\varrho}\,\dot{\xi}_\sigma\,\delta\,\xi_\varrho \tag{9,53}$$

über.

10. Die Lagrangeschen Gleichungen 2. Art

Wir betrachten ein aus n Massenpunkten m_i ($i = 1, 2, \ldots, n$) bestehendes Punktsystem. Jeder Massenpunkt m_i sei Kräften unterworfen, deren Resultierende $\mathfrak{K}_i$ ist. Ist das Punktsystem frei, so lauten seine Bewegungsgleichungen

$$m_i\,\ddot{\mathfrak{r}}_i = \mathfrak{K}_i\,, \qquad i = 1, 2, \ldots, n. \tag{10,1}$$

Unterliegt dagegen das Punktsystem den r Nebenbedingungen (5,36), so tritt nach den Ausführungen in Kapitel 6 an Stelle von (10,1) das Gleichungssystem (6,19).

Aus diesen $3\,n$ Gleichungen lassen sich in Verbindung mit den r Nebenbedingungen die $3\,n$ Koordinaten x_i sowie die r LAGRANGEschen Multiplikatoren λ_j bestimmen.

Man kann aber auch anders vorgehen, indem man zur Beschreibung der Bewegung des Punktsystems nicht cartesische, sondern — gemäß den Ausführungen in Kapitel 9 — entsprechend der Anzahl f der Freiheitsgrade des Systems, f generalisierte Koordinaten q_k ($k = 1,2, \ldots, f$) einführt und (6,19) in den q_k ausdrückt.

Dies vollzieht sich wie folgt: Man multipliziere zunächst (6,19) mit einer virtuellen Verschiebung $\delta\,x_i$ und addiere danach die $3\,n$ Gleichungen. Dies ergibt

$$\sum_{i=1}^{3n} m_i\,\ddot{x}_i\,\delta\,x_i = \sum_{i=1}^{3n} K_i\,\delta\,x_i + \sum_{i=1}^{3n}\sum_{j=1}^{r} \lambda_j\,\frac{\partial F_j}{\partial x_i}\,\delta\,x_i \tag{10,2}$$

$$= \sum_{i=1}^{3n} K_i\,\delta\,x_i + \sum_{j=1}^{r} \lambda_j\left(\sum_{i=1}^{3n} \frac{\partial F_j}{\partial x_i}\,\delta\,x_i\right). \tag{10,3}$$

Da die Doppelsumme wegen (5,50) verschwindet, verbleibt

$$\sum_{i=1}^{3n} m_i \ddot{x}_i \delta x_i = \sum_{i=1}^{3n} K_i \delta x_i . \tag{10,4}$$

Nun ist nach (9,7) einerseits

$$\delta x_i = \sum_{k=1}^{f} \frac{\partial x_i}{\partial q_k} \delta q_k \tag{10,5}$$

und andererseits

$$\dot{x}_i = \sum_{k=1}^{f} \frac{\partial x_i}{\partial q_k} \dot{q}_k . \tag{10,6}$$

Hieraus ergibt sich die sogleich zur weiteren Umformung benötigte Beziehung

$$\frac{\partial \dot{x}_i}{\partial \dot{q}_k} = \frac{\partial x_i}{\partial q_k} , \tag{10,7}$$

gültig für jedes Indexpaar (i, k). Setzt man (10,5) in (10,4) ein, so erhält man

$$\sum_{i=1}^{3n} \sum_{k=1}^{f} m_i \ddot{x}_i \frac{\partial x_i}{\partial q_k} \delta q_k = \sum_i \sum_k K_i \frac{\partial x_i}{\partial q_k} \delta q_k . \tag{10,8}$$

Diese Gleichung läßt sich unter Verwendung der Regel über die Differentiation eines Produktes weiter umformen. Nach dieser Regel ist

$$\ddot{x}_i \frac{\partial x_i}{\partial q_k} = \frac{d}{dt}\left(\dot{x}_i \frac{\partial x_i}{\partial q_k}\right) - \dot{x}_i \frac{d}{dt}\left(\frac{\partial x_i}{\partial q_k}\right) \tag{10,9}$$

oder unter Beachtung von (10,7):

$$\ddot{x}_i \frac{\partial x_i}{\partial q_k} = \frac{d}{dt}\left(\dot{x}_i \frac{\partial \dot{x}_i}{\partial \dot{q}_k}\right) - \dot{x}_i \frac{d}{dt}\left(\frac{\partial x_i}{\partial q_k}\right) \tag{10,10}$$

$$= \frac{d}{dt} \frac{\partial}{\partial \dot{q}_k}\left(\frac{\dot{x}_i^2}{2}\right) - \dot{x}_i \frac{d}{dt}\left(\frac{\partial x_i}{\partial q_k}\right) . \tag{10,11}$$

Weiterhin gilt nach (9,16):

$$\frac{d}{dt}\left(\frac{\partial x_i}{\partial q_k}\right) = \sum_{l=1}^{f} \frac{\partial}{\partial q_l}\left(\frac{\partial x_i}{\partial q_k}\right) \frac{dq_l}{dt} \tag{10,12}$$

$$= \frac{\partial}{\partial q_k} \sum_l \frac{\partial x_i}{\partial q_l} \dot{q}_l \tag{10,13}$$

oder wegen (10,6):

$$\frac{d}{dt}\left(\frac{\partial x_i}{\partial q_k}\right) = \frac{\partial \dot{x}_i}{\partial q_k} . \tag{10,14}$$

Damit wird der letzte Term in (10,11):

$$\dot{x}_i \frac{d}{dt}\left(\frac{\partial x_i}{\partial q_k}\right) = \dot{x}_i \frac{\partial \dot{x}_i}{\partial q_k} = \frac{1}{2}\frac{\partial \dot{x}_i^2}{\partial q_k}. \tag{10,15}$$

Mit diesem Ausdruck wird aus (10,11)

$$\ddot{x}_i \frac{\partial x_i}{\partial q_k} = \frac{1}{2}\left\{\frac{d}{dt}\frac{\partial \dot{x}_i^2}{\partial \dot{q}_k} - \frac{\partial \dot{x}_i^2}{\partial q_k}\right\} \tag{10,16}$$

und die linke Seite von (10,8) geht in

$$\sum_i \sum_k m_i \ddot{x}_i \frac{\partial x_i}{\partial q_k}\delta q_k = \sum_i \sum_k \frac{m_i}{2}\left\{\frac{d}{dt}\frac{\partial \dot{x}_i^2}{\partial \dot{q}_k} - \frac{\partial \dot{x}_i^2}{\partial q_k}\right\}\delta q_k \tag{10,17}$$

$$= \sum_k \left\{\frac{d}{dt}\frac{\partial}{\partial \dot{q}_k}\sum_i \frac{m_i}{2}\dot{x}_i^2 - \frac{\partial}{\partial q_k}\sum_i \frac{m_i}{2}\dot{x}^2\right\}\delta q_k \tag{10,18}$$

über. Beachtet man noch, daß

$$\sum_{i=1}^{3n} \frac{m_i}{2}\dot{x}_i^2 = T \tag{10,19}$$

die kinetische Energie des Punktsystems ist, so hat man schließlich

$$\sum_i \sum_k m_i \ddot{x}_i \frac{\partial x_i}{\partial q_k}\delta q_k = \sum_k \left\{\frac{d}{dt}\frac{\partial T}{\partial \dot{q}_k} - \frac{\partial T}{\partial q_k}\right\}\delta q_k. \tag{10,20}$$

Auch die rechte Seite von (10,8) läßt sich umformen, wenn man zunächst voraussetzt, daß die Kräfte $\mathfrak{K}_i$ ein Potential

$$V = V(\mathfrak{r}_i) \to V(x_i) \tag{10,21}$$

besitzen. Dann ist

$$K_i = -\frac{\partial V}{\partial x_i}. \tag{10,22}$$

Geht man von den x_i mittels (9,7) zu den q_k über, so wird das Potential

$$V = V(x_i(q_k)). \tag{10,23}$$

Hieraus folgt

$$\frac{\partial V}{\partial q_k} = \sum_i \frac{\partial V}{\partial x_i}\frac{\partial x_i}{\partial q_k}, \tag{10,24}$$

und das ist wegen (10,22):

$$\frac{\partial V}{\partial q_k} = -\sum K_i \frac{\partial x_i}{\partial q_k}. \tag{10,25}$$

Setzt man dieses in (10,8) ein, so wird aus dieser Gleichung in Verbindung mit (10,20):

$$\sum_k \left\{\frac{d}{dt}\frac{\partial T}{\partial \dot{q}_k} - \frac{\partial T}{\partial q_k} + \frac{\partial V}{\partial q_k}\right\}\delta q_k = \sum_k \left\{\frac{d}{dt}\frac{\partial T}{\partial \dot{q}_k} - \frac{\partial (T-V)}{\partial q_k}\right\}\delta q_k = 0. \tag{10,26}$$

Hierfür darf, weil nach (10,21) das Potential V von den $\dot{q}_k$ *un*abhängig ist, auch

$$\sum_k \left\{ \frac{d}{dt} \frac{\partial (T - V)}{\partial \dot{q}_k} - \frac{\partial (T - V)}{\partial q_k} \right\} \delta q_k = 0 \tag{10,27}$$

geschrieben werden. Da nun aber die generalisierten Koordinaten q_k voneinander unabhängige Größen sind und daher die virtuellen Verschiebungen δq_k die gleiche Eigenschaft besitzen, folgt, daß (10,27) dann und nur dann erfüllt ist, wenn für *jedes* k die Gleichung

$$\frac{d}{dt} \frac{\partial (T - V)}{\partial \dot{q}_k} - \frac{\partial (T - V)}{\partial q_k} = 0 \tag{10,28}$$

gilt.

Hierfür schreibt man

$$\frac{d}{dt} \frac{\partial L}{\partial \dot{q}_k} - \frac{\partial L}{\partial q_k} = 0 \tag{10,29}$$

und nennt

$$L = T - V \tag{10,30}$$

die LAGRANGE-*Funktion* des betrachteten Punktsystems, während die f Gleichungen (10,29) die Bezeichnung LAGRANGE*sche Bewegungsgleichungen 2. Art* tragen.

Da bei Verwendung von generalisierten Koordinaten q_k die kinetische Energie T im allgemeinen nicht nur von den $\dot{q}_k$, sondern auch von den q_k abhängt, d. h.

$$T = T(\dot{q}_k, q_k) \tag{10,31}$$

ist, dagegen die potentielle Energie V geschwindigkeits*un*abhängig ist, also

$$V = V(q_k), \tag{10,32}$$

ist nach (10,30) die LAGRANGE-Funktion

$$L = L(\dot{q}_k, q_k). \tag{10,33}$$

Dies ist jedoch noch nicht der allgemeinste Fall für die Darstellung von L, denn es kann auch vorkommen, daß die potentielle Energie V nicht nur allein von den q_k, sondern außerdem auch von der Zeit t explizit abhängt:

$$V = V(q_k, t). \tag{10,34}$$

Dann ist nach (10,30) unter Berücksichtigung von (10,31):

$$L = L(\dot{q}_k, q_k, t). \tag{10,35}$$

Es könnte vielleicht überraschen, daß die kinetische Energie T im allgemeinen nicht nur von den generalisierten Geschwindigkeiten $\dot{q}_k$, sondern auch von den q_k (d. h. orts-) abhängig ist. Dies scheint im Widerspruch zu der Definition

$$T = \frac{m}{2}\dot{\mathfrak{r}}^2 = \frac{m}{2}\mathfrak{v}^2 \tag{10,36}$$

zu stehen. Nun läßt sich aber jeder Vektor als Produkt aus seinem absoluten Betrag und einem Einheitsvektor darstellen. Insbesondere gilt für die Geschwindigkeit $\mathfrak{v}$ eines Massenpunktes m, der die Bahn $\mathfrak{r} = \mathfrak{r}(t)$ durchläuft,

$$\mathfrak{v} = \dot{\mathfrak{r}} = v\,\mathfrak{t}^0 = \frac{ds}{dt}\mathfrak{t}^0 . \tag{10,37}$$

Hierin bedeutet $\mathfrak{t}^0$ den Tangenteneinheitsvektor in dem jeweiligen Punkt der Bahn, den m durchläuft, und ds ein Bogenelement der Bahnkurve. Man kann daher statt (10,36) auch

$$T = \frac{m}{2}\left(\frac{ds}{dt}\right)^2 \tag{10,38}$$

schreiben.

Benutzt man nun speziell cartesische Koordinaten x, y, z, so ist bekanntlich

$$ds = \sqrt{dx^2 + dy^2 + dz^2} \tag{10,39}$$

und man erhält

$$T = \frac{m}{2}(\dot{x}^2 + \dot{y}^2 + \dot{z}^2) . \tag{10,40}$$

Bei Verwendung von cartesischen Koordinaten ist also T in der Tat allein durch die Geschwindigkeitskomponenten ausdrückbar.

Rechnet man dagegen etwa mit den räumlichen Polarkoordinaten r, ϑ, φ, so lautet das Bogenelement

$$ds = \sqrt{dr^2 + r^2\,d\vartheta^2 + r^2\sin^2\vartheta \cdot d\varphi} \cdot \tag{10,41}$$

Damit ergibt sich nach (10,38) für

$$T = \frac{m}{2}(\dot{r}^2 + r^2\,\dot{\vartheta}^2 + \dot{\varphi}^2\,r^2\sin^2\vartheta) . \tag{10,42}$$

Aus diesem Ausdruck ist klar zu erkennen, daß bei Verwendung räumlicher Polarkoordinaten r, ϑ, φ die kinetische Energie T sich nicht allein durch die „generalisierten" Geschwindigkeiten $\dot{r}, \dot{\vartheta}, \dot{\varphi}$ ausdrücken läßt, sondern daß auch die generalisierten Koordinaten r und ϑ explizit in T auftreten.

Um den Nachweis, daß für die kinetische Energie T bei Verwendung von generalisierten Koordinaten q_k im allgemeinen die Darstellung (10,31) gilt, nicht nur an Hand eines Beispiels, sondern allgemein zu führen, knüpfen wir an (9,7) an. Danach ist

$$\dot{x}_i = \sum_{k=1}^{f} \frac{\partial x_i}{\partial q_k} \dot{q}_k , \tag{10,43}$$

wofür auch

$$\dot{x}_i = \sum_k g_{ik}(q_1, q_2, \ldots, q_f)\, \dot{q}_k \tag{10,44}$$

geschrieben werden kann. Setzt man dies in (10,40) ein, so ergibt sich für T zwanglos die Darstellung (10,31) und daher für die LAGRANGE-Funktion L die durch (10,33) ausgedrückte Abhängigkeit von den $\dot{q}_k$ und q_k.

Um ein *Beispiel* für die Anwendung der LAGRANGEschen Gleichungen (10,29) zu geben, behandeln wir die Frage, die Bewegungsgleichung für einen Massenpunkt m in räumlichen Polarkoordinaten r, ϑ, φ auszudrücken.

Dies kann durch unmittelbare Umrechnung mittels den zwischen den cartesischen Koordinaten x, y, z und den Kugelkoordinaten bestehenden Verknüpfungen

$$x = r \sin\vartheta \cos\varphi \tag{10,45}$$

$$y = r \sin\vartheta \sin\varphi \tag{10,46}$$

$$z = r \cos\vartheta \tag{10,47}$$

geschehen. Das ist eine zwar nicht schwierige, jedoch sehr umständliche Rechnung. Sie läßt sich indessen mit Hilfe der LAGRANGEschen Gleichungen umgehen, wenn man als generalisierte Koordinaten

$$q_1 = r, \quad q_2 = \vartheta, \quad q_3 = \varphi \tag{10,48}$$

wählt. Dann ist die kinetische Energie T durch (10,42) gegeben. Nehmen wir die potentielle Energie V als zeitunabhängig, d. h. als „reine" Ortsfunktion

$$V = V(r, \vartheta, \varphi) \tag{10,49}$$

an, so lautet im vorliegenden Fall die LAGRANGE-Funktion

$$L = \frac{m}{2}\left\{\dot{r}^2 + r^2\dot{\vartheta}^2 + r^2\dot{\varphi}^2 \sin^2\vartheta\right\} - V(r, \vartheta, \varphi). \tag{10,50}$$

Hieraus erhält man

$$\frac{d}{dt}\frac{\partial L}{\partial \dot{q}_1} = \frac{d}{dt}\frac{\partial L}{\partial \dot{r}} = \frac{d}{dt} m\dot{r} = m\ddot{r}, \tag{10,51}$$

ferner

$$\frac{\partial L}{\partial r} = m(r\dot{\vartheta}^2 + r\dot{\varphi}^2 \sin^2\vartheta) - \frac{\partial V}{\partial r}. \tag{10,52}$$

Setzt man (10,51/52) in (10,29) ein, so erhält man für die Radialkomponente von (1,1):

$$(10,53)\qquad m(\ddot r - r\dot\vartheta^2 - r\dot\varphi^2\sin^2\vartheta) = -\frac{\partial V}{\partial r} = K_r\,.$$

Schreibt man hierfür gemäß (1,1)

$$(10,54)\qquad m\,a_r = K_r\,,$$

wobei a_r die Radialkomponente der Beschleunigung

$$(10,55)\qquad \ddot{\mathfrak{r}} = \mathfrak{a} = \{a_r, a_\vartheta, a_\varphi\}$$

ist, so ergibt der Vergleich von (10,54) mit (10,53) für

$$(10,56)\qquad a_r = \ddot r - r\dot\vartheta^2 - r\dot\varphi^2\sin^2\vartheta\,.$$

Für $q_2 = \vartheta$ erhält man einerseits

$$(10,57)\qquad \frac{d}{dt}\frac{\partial L}{\partial\dot q_2} = \frac{d}{dt}\frac{\partial L}{\partial\dot\vartheta} = \frac{d}{dt}(m\,r^2\dot\vartheta) = m(2\,r\,\dot r\,\dot\vartheta + r^2\ddot\vartheta)$$

und andererseits

$$(10,58)\qquad \frac{\partial L}{\partial q_2} = \frac{\partial L}{\partial\vartheta} = 2\,m\,r^2\dot\varphi^2\sin\vartheta\cos\vartheta - \frac{\partial V}{\partial\vartheta}\,.$$

Mit den beiden letzten Ausdrücken ergibt sich nach (10,29):

$$(10,59)\qquad m(2\,r\,\dot r\,\dot\vartheta + r^2\ddot\vartheta - 2\,r^2\dot\varphi^2\sin\vartheta\cos\vartheta) = -\frac{\partial V}{\partial\vartheta}\,.$$

Schließlich erhält man aus (10,50) für $q_3 = \varphi$:

$$(10,60)\qquad \frac{d}{dt}\frac{\partial L}{\partial\dot q_3} = \frac{d}{dt}\frac{\partial L}{\partial\dot\varphi} = \frac{d}{dt}(m\,r^2\dot\varphi\sin^2\vartheta)$$

$$(10,61)\qquad = m(2\,r\,\dot r\,\dot\varphi\sin^2\vartheta + r^2\ddot\varphi\sin^2\vartheta + 2\,r^2\dot\varphi\,\dot\vartheta\sin\vartheta\cos\vartheta)\,,$$

während

$$(10,62)\qquad \frac{\partial L}{\partial\varphi} = -\frac{\partial V}{\partial\varphi}$$

ist. Mit diesen Ausdrücken geht (10,29) in

$$(10,63)\qquad 2\,m\left(r\,\dot r\,\dot\varphi\sin^2\vartheta + r^2\dot\varphi\,\dot\vartheta\sin\vartheta\cos\vartheta + \frac{1}{2}r^2\ddot\varphi\sin^2\vartheta\right) = -\frac{\partial V}{\partial\varphi}$$

über.

Wir bemerken, daß die rechten Seiten von (10,59) und (10,63) typische Beispiele für „generalisierte" Kräfte sind, weil sie — im Gegensatz zu K_r (10,53) — **nicht** die Dimension einer Kraft haben.

Nun sind, bei Verwendung von räumlichen Polarkoordinaten, wenn (10,49) gilt,

$$K_\vartheta = -(\text{grad } V)_\vartheta = -\frac{1}{r}\frac{\partial V}{\partial \vartheta} \tag{10,64}$$

$$K_\varphi = -(\text{grad } V)_\varphi = -\frac{1}{r\sin\vartheta}\frac{\partial V}{\partial \varphi}. \tag{10,65}$$

Hieraus erhält man mit (10,59) und (10,63) für die ϑ- bzw. φ-Komponente von (1,1):

$$K_\vartheta = m\,a_\vartheta = m\,(r\,\ddot\vartheta + 2\,\dot r\,\dot\vartheta - 2\,r\,\dot\varphi^2 \sin\vartheta\cos\vartheta) = -\frac{1}{r}\frac{\partial V}{\partial \vartheta} \tag{10,66}$$

$$K_\varphi = m\,a_\varphi = m\,(2\,\dot r\,\dot\varphi\sin\vartheta + 2r\,\dot\varphi\,\dot\vartheta\cos\vartheta + r\,\ddot\varphi\sin\vartheta) = -\frac{1}{r\sin\vartheta}\frac{\partial V}{\partial \varphi}. \tag{10,67}$$

Die in runden Klammern stehenden Ausdrücke sind die ϑ- bzw. φ-Komponente der Beschleunigung $\mathfrak{a}$.

Das vorstehend angegebene Beispiel darf nicht als typisch für die Anwendung der LAGRANGEschen Gleichungen angesehen werden, weil diese lediglich dazu benutzt wurden, um die Bewegungsgleichungen eines freien Massenpunktes m (in räumlichen Polarkoordinaten) aufzustellen. Der besondere Vorteil der LAGRANGEschen Gleichungen zeigt sich erst dann, wenn es sich darum handelt, die Bewegungsgleichung eines unfreien Massenpunktes m zu finden.

Dies ist etwa der Fall, wenn m gezwungen ist, während seiner Bewegung stets auf einer Kugelfläche zu bleiben. Dann unterliegt m der Nebenbedingung

$$r = R\ (= \text{const})\,, \tag{10,68}$$

wenn R den Radius der Kugel bedeutet.

Um die Lage von m auf der Kugelfläche eindeutig zu beschreiben, wird man zweckmäßigerweise die Winkel ϑ und φ als generalisierte Koordinaten einführen. Die LAGRANGEschen Gleichungen für sie sind dann (10,59) und (10,63), unter Beachtung der Nebenbedingung (10,68). Dies liefert als Bewegungsgleichungen des Raumpendels

$$m\,R^2\,(\ddot\vartheta - 2\,\dot\varphi^2 \sin\vartheta\cos\vartheta) = -\frac{\partial V}{\partial \vartheta} \tag{10,69}$$

$$m\,R^2\,(2\,\dot\varphi\,\dot\vartheta\sin\vartheta\cos\vartheta + \ddot\varphi\sin^2\vartheta) = -\frac{\partial V}{\partial \varphi}, \tag{10,70}$$

wobei V das Potential des Schwerefeldes der Erde ist. —

Wir wollen nun in Verallgemeinerung der vorstehenden Betrachtungen die LAGRANGEschen Gleichungen für ein Punktsystem aufsuchen, wenn auf den Massenpunkt m_i nicht nur Kräfte K_i, die sich aus einem Potential ableiten lassen, sondern auch solche Kräfte wirken, die kein Potential besitzen. Werden diese mit K_i' bezeichnet, so läßt sich (10,8) in der Form

$$\sum_{i=1}^{3n}\sum_{k=1}^{f} m_i\,\ddot x_i\,\frac{\partial x_i}{\partial q_k}\,\delta q_k = \sum_{i=1}^{3n}\sum_{k=1}^{f} K_i\,\frac{\partial x_i}{\partial q_k}\,\delta q_k + \sum_{i=1}^{3n}\sum_{k=1}^{f} K_i'\,\frac{\partial x_i}{\partial q_k}\,\delta q_k \tag{10,71}$$

schreiben. Das letzte in diesem Ausdruck auftretende Glied läßt sich, weil voraussetzungsgemäß die K'_i kein Potential besitzen, nun nicht mehr auf die Form (10,25) bringen. Wir schreiben jetzt für

$$\sum_i \sum_k K'_i \frac{\partial x_i}{\partial q_k} \delta q_k = \sum_k \left\{ \sum_i K'_i \frac{\partial x_i}{\partial q_k} \right\} \delta q_k \tag{10,72}$$

$$= \sum_k Q_k \, \delta q_k , \tag{10,73}$$

wobei

$$Q_k = \sum_i K'_i \frac{\partial x_i}{\partial q_k} \tag{10,74}$$

ist. Man nennt Q_k *generalisierte Kraft.*

Mit Verwendung dieses Begriffs erhält man aus (10,71) durch die gleichen Umformungen, die von (10,8) zu den LAGRANGEschen Gleichungen (10,29) führten, diese nun in der Form

$$\frac{d}{dt} \frac{\partial L}{\partial \dot{q}_k} - \frac{\partial L}{\partial q_k} = Q_k . \tag{10,75}$$

Für den Fall, daß keine der auf m_i wirkenden Kräfte K_i ein Potential besitzt, d. h. daß alle $K_i = 0$ sind, also auch $V = 0$ ist, geht (10,75) in

$$\frac{d}{dt} \frac{\partial T}{\partial \dot{q}_k} - \frac{\partial T}{\partial q_k} = Q_k \tag{10,76}$$

über.

11. Die explizite Form der Lagrangeschen Gleichungen 2. Art

Die im vorstehenden Kapitel hergeleiteten LAGRANGEschen Gleichungen

$$\frac{d}{dt} \frac{\partial L}{\partial \dot{q}_k} - \frac{\partial L}{\partial q_k} = 0 , \qquad k = 1, 2, \ldots, f \tag{11,1}$$

sind f gewöhnliche Differentialgleichungen 2. Ordnung für die f generalisierten Koordinaten q_k. Man erkennt dies, indem man die im ersten Glied von (11,1) geforderte Differentiation nach der Zeit t ausführt. Nach (10,35) ist im allgemeinsten Fall

$$L = L(\dot{q}_k, q_k, t) \tag{11,2}$$

und daher im allgemeinen auch

$$\frac{\partial L}{\partial \dot{q}_k} = F\,(\dot{q}_k, q_k, t) \tag{11,3}$$

eine Funktion der $2f + 1$ Variablen $\dot{q}_k$, q_k und t.

Differenziert man (11,3) nach t, so ergibt sich

$$\frac{d}{dt} \frac{\partial L}{\partial \dot{q}_k} = \frac{dF}{dt} = \sum_{j=1}^{f} \frac{\partial F}{\partial \dot{q}_j} \ddot{q}_j + \sum_{j=1}^{f} \frac{\partial F}{\partial q_j} \dot{q}_j + \frac{\partial F}{\partial t} . \tag{11,4}$$

Setzt man dies in (11,1) ein, so erhält man, wenn F wieder durch (11,3) ausgedrückt wird,

$$\sum_{j=1}^{f} \frac{\partial^2 L}{\partial \dot{q}_k \partial \dot{q}_j} \ddot{q}_j + \sum_{j=1}^{f} \frac{\partial^2 L}{\partial \dot{q}_k \partial q_j} \dot{q}_j + \frac{\partial^2 L}{\partial \dot{q}_k \partial t} - \frac{\partial L}{\partial q_k} = 0, \quad k = 1, 2, \ldots, f. \tag{11,5}$$

Da die LAGRANGE-Funktion L als bekannt anzusehen ist, sind auch ihre Ableitungen bekannt und daher ist (11,5) — so wie eingangs bemerkt — ein System von f gewöhnlichen Differentialgleichungen 2. Ordnung für die q_k, die man durch Integration von (11,5) zu ermitteln hat. Die allgemeine Lösung dieses Gleichungssystems enthält $2f$ willkürliche Konstanten, die durch Anpassung an $2f$ vorgegebene Anfangsbedingungen, so z. B. an

$$q_k(0) = q_k^{(0)} \tag{11,6}$$

$$\dot{q}_k(0) = \dot{q}_k^{(0)} \tag{11,7}$$

zu bestimmen sind.

Für den oftmals auftretenden Fall, daß es sich um ein mechanisches System von nur $f = 1$ Freiheitsgrad handelt, dessen potentielle Energie V zeitunabhängig ist, reduzieren sich die f Bewegungsgleichungen (11,5) auf die eine Gleichung

$$\frac{\partial^2 L}{\partial \dot{q}^2} \ddot{q} + \frac{\partial^2 L}{\partial \dot{q} \partial q} \dot{q} - \frac{\partial L}{\partial q} = 0\,. \tag{11,8}$$

Um ein einfaches *Beispiel* für die Anwendung von (11,8) zu geben, wollen wir mit ihrer Hilfe die Bewegungsgleichung eines mathematischen Kreispendels herleiten. Mit Verwendung von carterischen Koordinaten ist

$$T = \frac{m}{2}(\dot{x}^2 + \dot{z}^2) \tag{11,9}$$

$$V(z) = m\,g\,z\,, \tag{11,10}$$

wenn für $z = 0$ auf $V(0) = 0$ normiert wird.

Da in dem hier betrachteten Beispiel die Koordinaten x und z nicht voneinander unabhängig sind, weil sie der Nebenbedingung

$$x^2 + z^2 = l^2 \tag{11,11}$$

zu genügen haben, muß es möglich sein, e i n e generalisierte Koordinate q zu finden. Als diese erweist sich der Winkel ϑ, gemessen von der $-z$-Achse, geeignet. Er ist mit x und z durch die Beziehungen

$$x = l \sin \vartheta \tag{11,12}$$

$$z = -l \cos \vartheta \tag{11,13}$$

verknüpft.

Geht man mittels (11,12/13) von x, z auf ϑ über, so wird aus (11,9/10):

$$T = \frac{m}{2} l^2 \dot{\vartheta}^2 \tag{11,14}$$

bzw.

$$V = -m g l \cos\vartheta . \tag{11,15}$$

Damit ergibt sich als LAGRANGE-Funktion L für das ebene Pendel

$$L = L(\dot{\vartheta}, \vartheta) = \frac{m}{2} l^2 \dot{\vartheta}^2 + m g l \cos\vartheta . \tag{11,16}$$

Mit diesem Ausdruck werden die in (11,8) auftretenden Koeffizienten

$$\frac{\partial^2 L}{\partial \dot{q}^2} = \frac{\partial^2 L}{\partial \dot{\vartheta}^2} = m l^2 \tag{11,17}$$

$$\frac{\partial^2 L}{\partial \dot{q}\, \partial q} = \frac{\partial^2 L}{\partial \dot{\vartheta}\, \partial \vartheta} = 0 \tag{11,18}$$

$$\frac{\partial L}{\partial q} = \frac{\partial L}{\partial \vartheta} = -m g l \sin\vartheta . \tag{11,19}$$

Setzt man dies in (11,8) ein, so erhält man als Bewegungsgleichung des Kreispendels

$$\ddot{\vartheta} + \frac{g}{l} \sin\vartheta = 0 . \tag{11,20}$$

Es ist klar — und kann auch nicht anders sein —, daß man zu genau derselben Gleichung gelangt, wenn man mit (11,16) in die „direkte" LAGRANGEsche Bewegungsgleichung (11,1) eingeht, wovon man sich ohne jegliche Schwierigkeiten überzeugt.

Wir haben im vorstehenden Kapitel die LAGRANGEschen Gleichungen auch für den Fall angegeben, daß kein Potential vorliegt, d. h. daß keine der f Gleichungen (10,29) gilt. Dann tritt an Stelle von (11,1) gemäß (10,76) das Gleichungssystem

$$\frac{d}{dt} \frac{\partial T}{\partial \dot{q}_k} - \frac{\partial T}{\partial q_k} = Q_k . \tag{11,21}$$

Wir fragen nun, welches die explizite Form dieser Gleichung — als Gegenstück zu (11,5) — ist. Die Beantwortung dieser Frage verlangt, die kinetische Energie des Punktsystems durch die generalisierten Koordinaten q_k auszudrücken.

Nach (10,6) ist

$$\dot{x}_i = \sum_{r=1}^{f} \frac{\partial x_i}{\partial q_r} \dot{q}_r . \tag{11,22}$$

In diesem Ausdruck sind auf Grund von (9,7) die Koeffizienten

$$\frac{\partial x_i}{\partial q_r} = f_{ir}(q_k) \tag{11,23}$$

nur von den q_k abhängig.

Geht man mit (11,22/23) in (10,19) ein, so wird daraus

$$T = T(\dot q_k, q_k) = \frac{1}{2}\sum_{i=1}^{3n} m_i \left[\sum_{r=1}^{f} f_{ir}(q_k)\,\dot q_r\right]^2 \tag{11,24}$$

$$= \frac{1}{2}\sum_{i=1}^{3n} m_i \left\{\sum_{r=1}^{f} f_{ir}(q_k)\,\dot q_r \sum_{s=1}^{f} f_{is}(q_k)\,\dot q_s\right\}. \tag{11,25}$$

In der vorstehenden Gleichung wurde das in (11,24) auftretende Quadrat als Produkt geschrieben und der Deutlichkeit halber im letzten Faktor der ursprüngliche Summationsindex r durch s ersetzt.

Vertauscht man in (11,25) die Summationen, so kann T in die Form

$$T = \frac{1}{2}\sum_r \sum_s \left\{\sum_i m_i f_{ir} f_{is}\right\} \dot q_r \dot q_s \tag{11,26}$$

übergeführt werden. Der in der geschweiften Klammer stehende Ausdruck ist eine Summe, die von r und s abhängt. Man kann daher für

$$\sum_i m_i f_{ir} f_{is} = a_{rs} = a_{sr} \tag{11,27}$$

schreiben. Damit geht (11,26) in

$$T = \frac{1}{2}\sum_r \sum_s a_{rs}\,\dot q_r \dot q_s \tag{11,28}$$

über.

Setzt man dieses in die LAGRANGEsche Bewegungsgleichung (11,21) ein, so erhält man

$$\frac{d}{dt}\frac{\partial}{\partial \dot q_k}\left(\frac{1}{2}\sum_r\sum_s a_{rs}\,\dot q_r \dot q_s\right) - \frac{\partial}{\partial q_k}\left(\frac{1}{2}\sum_r\sum_s a_{rs}\,\dot q_r \dot q_s\right) = Q_k. \tag{11,29}$$

Führt man die partiellen Differentiationen aus, so wird aus der letzten Gleichung

$$\frac{d}{dt}\sum_r\sum_s \frac{1}{2} a_{rs}\left(\frac{\partial \dot q_r}{\partial \dot q_k}\dot q_s + \dot q_r \frac{\partial \dot q_s}{\partial \dot q_k}\right) - \sum_r\sum_s \frac{1}{2}\frac{\partial a_{rs}}{\partial q_k}\dot q_r \dot q_s = Q_k\,. \tag{11,30}$$

Wegen der Unabhängigkeit der $\dot q_k$ ist

$$\frac{\partial \dot q_p}{\partial \dot q_k} = \delta_{pk} = \begin{cases} 1 & \text{für } p = k \\ 0 & \phantom{\text{für }} p \neq k. \end{cases} \tag{11,31}$$

Damit geht (11,30) in

$$\frac{1}{2}\frac{d}{dt}\left\{\sum_s a_{ks}\,\dot q_s + \sum_r a_{rk}\,\dot q_r\right\} - \frac{1}{2}\sum_r\sum_s \frac{\partial a_{rs}}{\partial q_k}\dot q_r \dot q_s = Q_k \tag{11,32}$$

über.

Setzt man in der zweiten Summe für den Summationsindex $s = r$, so werden wegen der Symmetrie der a_{rk} bezüglich der Indizes die beiden Summen in der geschweiften Klammer gleich, so daß aus (11,32):

$$\frac{d}{dt}\sum_r a_{rk}\,\dot{q}_r - \frac{1}{2}\sum_r\sum_s \frac{\partial a_{rs}}{\partial q_k}\dot{q}_r\,\dot{q}_s = Q_k \tag{11,33}$$

wird.

Nach Ausführung der Zeitableitung ergibt sich schließlich als explizite Form von (11,21):

$$\sum_r a_{rk}\,\ddot{q}_r + \sum_r\sum_s \frac{\partial a_{rk}}{\partial q_s}\dot{q}_s\,\dot{q}_r - \frac{1}{2}\sum_r\sum_s \frac{\partial a_{rs}}{\partial q_k}\dot{q}_r\,\dot{q}_s = Q_k\,. \tag{11,34}$$

Man kann diese Gleichung mit Hilfe des von CHRISTOFFEL[1]) eingeführten und heute nach ihm benannten „Drei-Indizes-Symbols 1. Art“:

$$\begin{bmatrix} r & s \\ & k \end{bmatrix} = \frac{1}{2}\left(\frac{\partial a_{kr}}{\partial q_s} + \frac{\partial a_{sk}}{\partial q_r} - \frac{\partial a_{rs}}{\partial q_k}\right) \tag{11,35}$$

in eine andere Form bringen. Hierzu schreiben wir für die erste Doppelsumme

$$\sum_r\sum_s \frac{\partial a_{rk}}{\partial q_s}\dot{q}_s\,\dot{q}_r = \frac{1}{2}\sum_r\sum_s \frac{\partial a_{rk}}{\partial q_s}\dot{q}_s\,\dot{q}_r + \frac{1}{2}\sum_s\sum_r \frac{\partial a_{sk}}{\partial q_r}\dot{q}_r\,\dot{q}_s\,. \tag{11,36}$$

Geht man damit in (11,34) ein und faßt die Doppelsummen zusammen, so ergibt sich

$$\sum_r a_{rk}\,\ddot{q}_r + \frac{1}{2}\sum_r\sum_s\left(\frac{\partial a_{rk}}{\partial q_s} + \frac{\partial a_{sk}}{\partial q_r} - \frac{\partial a_{rs}}{\partial q_k}\right)\dot{q}_r\,\dot{q}_s = Q_k\,. \tag{11,37}$$

Nun ist wegen (11,27):

$$a_{rk} = a_{kr}\,. \tag{11,38}$$

Damit wird mit Benutzung von (11,35) aus der letzten Gleichung

$$\sum_r a_{rk}\,\ddot{q}_r + \sum_r\sum_s \begin{bmatrix} r & s \\ & k \end{bmatrix}\dot{q}_r\,\dot{q}_s = Q_k\,. \tag{11,39}$$

Aus diesen f Differentialgleichungen erhält man durch Integration die die Bewegung des Systems beschreibenden Funktionen $q_k = q_k(t)$.

12. Das Hamiltonsche Prinzip

Vergleicht man die LAGRANGEschen Gleichungen (10,29) mit den zu dem Variationsproblem (3,45) gehörenden EULERschen Gleichungen (3,46), so sieht man, daß diese mit jenen formal übereinstimmen. Dies erlaubt

[1]) Elwin CHRISTOFFEL: * 1829 in Monschau, † 1900 in Straßburg.

es, die LAGRANGEschen Bewegungsgleichungen (10,29) als die zu dem Variationsproblem

$$(12,1) \qquad \delta \int_{t_1}^{t_2} L(\dot{q}_k, q_k, t)\, dt = 0\,, \quad \delta q_k(t_1) = \delta q_k(t_2) = 0,$$

gehörenden EULERschen Gleichungen anzusehen.

Durch die Darstellung (12,1) werden die in der Mechanik geltenden Bewegungsgesetze als Extremalaussage formuliert, während sie durch die NEWTONschen bzw. LAGRANGEschen Bewegungsgleichungen in Form von Differentialgleichungen ausgedrückt werden.

Man nennt die Extremalaussage (12,1) heute das *HAMILTONsche Prinzip*, während man früher vom „Prinzip der stationären Wirkung" sprach. Diese Bezeichnung geht darauf zurück, daß der Integrand in (12,1) die Dimension Energie · Zeit hat. Eine Größe von dieser Dimension wird in der Physik als *Wirkung* bezeichnet. Das Wort „stationär" weist auf Extremwert, verstanden im Sinne der Ausführungen in Kapitel 3, hin.

Gelingt es, ein Naturgesetz als Extremalaussage zu formulieren, so besagt dies, daß der tatsächlich sich abspielende Naturvorgang vor allen anderen denkbaren Vorgängen dadurch ausgezeichnet ist, daß eine für den Ablauf des Naturgeschehens charakteristische Größe einen Extremwert annimmt. In der Mechanik ist diese Größe das in (12,1) stehende Integral, dessen Integrand die LAGRANGE-Funktion

$$(12,2) \qquad L(\dot{q}_k, q_k, t) = T(\dot{q}_k, q_k) - V(q_k, t)$$

ist. Hierbei darf das Potential V auch explizit von der Zeit t abhängen, weil dadurch die äußere Form der LAGRANGEschen Gleichungen (10,29) sich nicht ändert.

Mit (12,1) ist der Ausdruck

$$(12,3) \qquad \delta \left\{\frac{1}{t_1 - t_2} \int_{t_1}^{t_2} (T - V)\, dt\right\} = \delta \left\{\frac{1}{t_1 - t_2} \int_{t_1}^{t_2} L\, dt\right\} = 0$$

gleichwertig, weil die Grenzen t_1 und t_2 feste Werte sind. In der Form (12,3) sagt das HAMILTONsche Prinzip aus: Von allen denkbaren Bewegungsvorgängen spielt sich in der Natur derjenige ab, für den der zeitliche Mittelwert der LAGRANGE-Funktion einen Extremwert annimmt. Ob es sich dabei um ein Maximum, ein Minimum oder einen Sattelwert handelt, kann a priori nicht gesagt werden. Im übrigen ist dies sowohl für die Mechanik als auch in allen anderen Teilgebieten der Physik, in denen das HAMILTONsche Prinzip angewendet wird, belanglos.

Nach (12,2) läßt sich das HAMILTONsche Prinzip nur dann in der Form (12,1) darstellen, wenn die eine Bewegung verursachenden Kräfte aus einem Potential V herleitbar sind. Es entsteht daher die Frage, wie (12,1) abzuändern ist, wenn die Kräfte kein Potential besitzen.

Um hierauf zu antworten, gehen wir von dem Ausdruck für die virtuelle Arbeit

$$(12,4) \qquad \delta A = \sum_i K_i \delta x_i = \sum_i m_i \ddot{x}_i \delta x_i$$

aus, die die Kräfte K_i bei einer virtuellen Verschiebung δx_i des Punktsystems leisten. Die rechte Seite von (12,4) läßt sich wie folgt umformen. Es ist

$$(12,5) \qquad \ddot{x}_i \delta x_i = \frac{d}{dt}(\dot{x}_i \delta x_i) - \dot{x}_i \frac{d}{dt} \delta x_i$$

und das ist wegen (3,28):

$$(12,6) \qquad \ddot{x}_i \delta x_i = \frac{d}{dt}(\dot{x}_i \delta x_i) - \dot{x}_i \delta \dot{x}_i$$

$$(12,7) \qquad = \frac{d}{dt}(\dot{x}_i \delta x_i) - \delta\left(\frac{\dot{x}_i^2}{2}\right).$$

Geht man damit in (12,4) ein, so wird daraus

$$(12,8) \qquad \delta A = \frac{d}{dt} \sum_{i=1}^{3n} m_i \dot{x}_i \delta x_i - \delta \sum_{i=1}^{3n} \frac{m_i \dot{x}_i^2}{2}$$

$$(12,9) \qquad = \frac{d}{dt} \sum_i m_i \dot{x}_i \delta x_i - \delta T ,$$

wobei

$$(12,10) \qquad T = \sum_i \frac{m_i \dot{x}_i^2}{2}$$

die kinetische Energie des Punktsystems ist.

Wir bemerken, daß (12,9) nach HEUN und HAMEL [5] gelegentlich als LAGRANGEsche **Zentralgleichung** bezeichnet wird. Integriert man sie zwischen den Zeiten t_1 und t_2, so erhält man

$$(12,11) \qquad \int_{t_1}^{t_2} (\delta T + \delta A)\, dt = \sum_i m_i \dot{x}_i \delta x_i \Big|_{t_1}^{t_2} .$$

Die rechte Seite dieser Gleichung verschwindet jedoch, weil p. def. die virtuellen Verschiebungen δx_i für t_1 und t_2 gleich Null sind. Damit liefert (12,11) in Erweiterung von (12,1) als verallgemeinerte Form des HAMILTONschen Prinzips den Ausdruck

$$(12,12) \qquad \int_{t_1}^{t_2} (\delta T + \delta A)\, dt = 0 .$$

Daß sich hieraus (12,1) — welche Gleichung man wohl ausnahmslos meint, wenn von dem HAMILTONschen Prinzip gesprochen wird — für den Fall, daß konservative Kräfte vorliegen, ergibt, ist offensichtlich. Dann ist nämlich die virtuelle Arbeit

$$\delta A = -\delta V . \tag{12,13}$$

Damit wird aus (12,12)

$$\int_{t_1}^{t_2} \delta (T - V)\, dt = 0 . \tag{12,14}$$

In diesem Ausdruck darf die Integration nach der Zeit mit der Variation δ vertauscht werden, weil bei dem δ-Prozeß die Zeit nicht variiert wird, d. h.

$$\delta\, dt = d\, \delta t = 0 \tag{12,15}$$

ist. Daher wird aus (12,14):

$$\delta \int_{t_1}^{t_2} (T - V)\, dt = \delta \int_{t_1}^{t_2} L\, dt = 0 , \tag{12,16}$$

und das ist genau (12,1).

Wir wollen nun noch zeigen, daß sich die LAGRANGEschen Gleichungen (10,76) aus dem verallgemeinerten HAMILTON-Prinzip (12,12) — d. h. anders als in Kapitel 10 — gewinnen lassen.

Hierzu bilden wir zunächst die Variation der kinetischen Energie $T = T(\dot{q}_k, q_k)$ und gehen damit in (12,12) ein. Dies ergibt

$$\int_{t_1}^{t_2} \left\{ \sum_k \frac{\partial T}{\partial \dot{q}_k} \delta \dot{q}_k + \sum_k \frac{\partial T}{\partial q_k} \delta q_k + \delta A \right\} dt = 0 . \tag{12,17}$$

Da die herzuleitende Gleichung (10,76) für den Fall gilt, daß keine der Kraftkomponenten K_i aus einem Potential herleitbar ist — wir drücken dieses in Anlehnung an die in Kapitel 10 benutzte Schreibweise dadurch aus, daß wir für die Kraftkomponenten K'_i schreiben —, gehen diese beim Übergang zu generalisierten Koordinaten q_k in die generalisierten Kraftkomponenten (10,74) über. Damit wird die virtuelle Arbeit

$$\delta A = \sum_k Q_k\, \delta q_k \tag{12,18}$$

und somit (12,17):

$$\int_{t_1}^{t_2} \sum_k \left\{ \frac{\partial T}{\partial \dot{q}_k} \delta \dot{q}_k + \frac{\partial T}{\partial q_k} \delta q_k + Q_k\, \delta q_k \right\} dt = 0 . \tag{12,19}$$

Zur weiteren Umformung wird von der allein für holonome Koordinaten geltenden Vertauschbarkeit von δ und d/dt Gebrauch gemacht. Man kann dann jeden Summanden der ersten Summe in (12,19) wie folgt schreiben:

$$\int_{t_1}^{t_2} \frac{\partial T}{\partial \dot{q}_k} \delta \dot{q}_k \, dt = \int_{t_1}^{t_2} \frac{\partial T}{\partial \dot{q}_k} \frac{d\,\delta q_k}{dt} dt \tag{12,20}$$

$$= \int_{t_1}^{t_2} \frac{\partial T}{\partial \dot{q}_k} d\,\delta q_k\,, \tag{12,21}$$

woraus durch partielle Integration

$$\int_{t_1}^{t_2} \frac{\partial T}{\partial \dot{q}_k} \delta \dot{q}_k \, dt = \frac{\partial T}{\partial \dot{q}_k} \delta q_k \Big|_{t_1}^{t_2} - \int_{t_1}^{t_2} \frac{d}{dt} \frac{\partial T}{\partial \dot{q}_k} \delta q_k \, dt \tag{12,22}$$

folgt. Da p. def.

$$\delta q_k(t_1) = \delta q_k(t_2) = 0 \tag{12,23}$$

ist, verschwindet der ausintegrierte Teil in (12,22), und (12,19) geht in

$$\int_{t_1}^{t_2} dt \sum_k \left(\frac{\partial T}{\partial q_k} - \frac{d}{dt} \frac{\partial T}{\partial \dot{q}_k} + Q_k \right) \delta q_k = 0 \tag{12,24}$$

über. Diese Gleichung muß für alle $\delta q_k(t)$ gelten, sofern sie nur die Bedingung (12,23) erfüllen. Insbesondere muß (12,24) auch gelten, wenn nur eine Koordinate, z. B. $q_1(t)$ variiert wird, während alle anderen q_k unverändert bleiben. Diese Variation ist möglich, da die q_k voneinander unabhängig sind. Dann wird aus (12,24):

$$\int_{t_1}^{t_2} dt \left(\frac{\partial T}{\partial q_1} - \frac{d}{dt} \frac{\partial T}{\partial \dot{q}_1} + Q_1 \right) \delta q_1 = 0\,, \tag{12,25}$$

woraus mit der in Kapitel 3 angegebenen Schlußweise (Lemma von DUBOIS-REYMOND) das Verschwinden der Klammer folgt:

$$\frac{\partial T}{\partial q_1} - \frac{d}{dt} \frac{\partial T}{\partial \dot{q}_1} + Q_1 = 0\,. \tag{12,26}$$

Führen wir diese Überlegung auch für alle anderen $q_k(t)$ durch, so erhalten wir die LAGRANGEschen Gleichungen (10,76). Man erkennt aus der vorstehend angegebenen Art ihrer Herleitung, daß sie in dieser Form nur für holonome Koordinaten gelten.

Wir wollen zum Abschluß ein *Beispiel* angeben und behandeln folgende Aufgabe. Ein sich im Schwerefeld der Erde bewegender Massenpunkt m sei gezwungen, sich (reibungslos) auf der Fläche

$$F(\mathfrak{r}) = F(x, y, z) = 0 \tag{12,27}$$

zu bewegen. Wir fragen nach der Form des HAMILTONschen Prinzips in diesem Fall und nach den Bewegungsgleichungen für m.

Wegen des Vorliegens der Nebenbedingung (12,27) handelt es sich um eine Bewegungsaufgabe mit $f = 3 - 1 = 2$ Freiheitsgraden. Nach den Ausführungen in Kapitel 9 sind daher zur Beschreibung der Bewegung des Massenpunktes $f = 2$ generalisierte Koordinaten q_1, q_2 erforderlich. Als solche können z. B. zwei der cartesischen Koordinaten x, y, z dienen. Wählt man von ihnen etwa für $q_1 = x$ und $q_2 = y$, so ist z durch (12,27) bestimmt, indem man diese Gleichung nach z auflöst, was

$$z = f(x, y) \tag{12,28}$$

— ein Sonderfall von (9,7) — ergibt. Verwendet man daher zur Lösung der gestellten Aufgabe cartesische Koordinaten — und das wollen wir tun —, so ist, wenn in der Rechnung z auftritt, diese Größe durch (12,28) zu ersetzen. Gehen auch Ableitungen von z ein, so sind diese ebenfalls aus (12,28) zu ermitteln.

Die Lösung der gestellten Aufgabe gestaltet sich nun wie folgt. Wir legen das Koordinatensystem so, daß seine z-Achse (gekennzeichnet durch den Einheitsvektor $\mathfrak{k}$) so wie üblich „nach oben" gerichtet ist, d. h.

$$\mathfrak{k} \,||\, -\mathfrak{g} \tag{12,29}$$

wobei $\mathfrak{g}$ der Vektor der Erdbeschleunigung ist.

Dann kann für das HAMILTONsche Prinzip

$$\delta \int_{t_1}^{t_2} (T - V)\, dt = \delta \int_{t_1}^{t_2} \left(\frac{m}{2} v^2 - m g z\right) dt = 0 \tag{12,30}$$

geschrieben werden. Wegen (12,28) wird daraus — nach Division durch den konstanten Faktor m —:

$$\delta \int_{t_1}^{t_2} \left\{\frac{v^2}{2} - g f(x, y)\right\} dt = 0 \,. \tag{12,31}$$

Nun ist weiterhin

$$v^2 = \dot{x}^2 + \dot{y}^2 + \dot{z}^2 \,, \tag{12,32}$$

und hieraus wird wegen (12,28):

$$v^2 = \dot{x}^2 + \dot{y}^2 + \left(\frac{\partial f}{\partial x}\dot{x} + \frac{\partial f}{\partial y}\dot{y}\right)^2 \tag{12,33}$$

$$= \left[1 + \left(\frac{\partial f}{\partial x}\right)^2\right]\dot{x}^2 + \left[1 + \left(\frac{\partial f}{\partial y}\right)^2\right]\dot{y} + 2\left(\frac{\partial f}{\partial x}\right)\left(\frac{\partial f}{\partial y}\right)\dot{x}\,\dot{y} \,. \tag{12,34}$$

Setzt man dies in (12,31) ein, so erhält man für die gesuchte Form des Hamiltonschen Prinzips dieses Beispiels den Ausdruck

$$\delta \int_{t_1}^{t_2} \left\{ \frac{1}{2}\left[1+\left(\frac{\partial f}{\partial x}\right)^2\right]\dot{x}^2 + \frac{1}{2}\left[1+\left(\frac{\partial f}{\partial y}\right)^2\right]\dot{y}^2 + \left(\frac{\partial f}{\partial x}\right)\left(\frac{\partial f}{\partial y}\right)\dot{x}\,\dot{y} - g\,f(x,y)\right\} dt = 0 . \tag{12,35}$$

Damit ist die erste der beiden gestellten Fragen beantwortet. Um die zweite Frage — nach den Bewegungsgleichungen von m — zu beantworten, haben wir die zu dem Variationsproblem (12,35) gehörende Eulerschen Gleichungen anzugeben. Diese lauten nach (3,67/68):

$$\frac{d}{dt}\left\{\left[1+\left(\frac{\partial f}{\partial x}\right)^2\right]\dot{x} + \left(\frac{\partial f}{\partial x}\right)\left(\frac{\partial f}{\partial y}\right)\dot{y}\right\} - \frac{\partial}{\partial x}\left\{\frac{1}{2}\left[1+\left(\frac{\partial f}{\partial x}\right)^2\right]\dot{x}^2 + \frac{1}{2}\left[1+\left(\frac{\partial f}{\partial y}\right)^2\right]\dot{y}^2 + \left(\frac{\partial f}{\partial x}\right)\left(\frac{\partial f}{\partial y}\right)\dot{x}\,\dot{y}\right\} + g\,\frac{\partial f}{\partial x} = 0 \tag{12,36}$$

und

$$\frac{d}{dt}\left\{\left[1+\left(\frac{\partial f}{\partial y}\right)^2\right]\dot{y} + \left(\frac{\partial f}{\partial x}\right)\left(\frac{\partial f}{\partial y}\right)\dot{x}\right\} - \frac{\partial}{\partial y}\left\{\frac{1}{2}\left[1+\left(\frac{\partial f}{\partial x}\right)^2\right]\dot{x}^2 + \frac{1}{2}\left[1+\left(\frac{\partial f}{\partial y}\right)^2\right]\dot{y}^2 + \left(\frac{\partial f}{\partial x}\right)\left(\frac{\partial f}{\partial y}\right)\dot{x}\,\dot{y}\right\} + g\,\frac{\partial f}{\partial y} = 0 . \tag{12,37}$$

Führt man die in den beiden vorstehenden Gleichungen angegebenen Differentiationen aus, so erhält man zwei miteinander gekoppelte Differentialgleichungen, aus denen die die Bewegung von m beschreibenden generalisierten Koordinaten $q_1 = x\,(t)$ und $q_2 = y\,(t)$ durch Integration zu ermitteln sind.

13. Die erweiterten Lagrangeschen Gleichungen 2. Art

Wir wollen nun die in Kapitel 10 durchgeführte Rechnung, die zu den Lagrangeschen Gleichungen (10,29) führte, verallgemeinern, indem wir voraussetzen, daß jetzt die δq_k und $\dot{q}_k$ durch nichtholonome Koordinatendifferentiale $\delta \xi_r$ und die dazu gehörigen Geschwindigkeiten $\overset{*}{\xi}_r$ $(r = 1, 2, \ldots, f)$ gemäß (9,48/49) ausgedrückt werden. Für diesen Fall steht zu erwarten, daß in (10,29) Zusatzglieder auftreten werden. Darauf hat erstmalig Boltzmann hingewiesen, der 1902 die erweiterte Form der LAGRANGEschen Gleichungen angab. Später haben sich mit dieser Frage u. a. noch HAMEL und SCHAEFER[1]) beschäftigt.

Zur Herleitung der verallgemeinerten LAGRANGEschen Gleichungen gehen wir von dem HAMILTONschen Prinzip (12,12) aus. Setzt man darin (12,18) ein, so hat man

$$\int_{t_1}^{t_2} \{\delta\, T\,(q_k, \dot{q}_k) + \sum_k Q_k\, \delta\, q_k\}\, dt = 0\,. \tag{13,1}$$

Die darin auftretenden Größen $\delta\, q_k$ und $\dot{q}_k$ haben wir nun durch die $\delta\, \xi_r$ und $\dot{\xi}_r$ gemäß (9,48/49) auszudrücken. Dann geht das Arbeitselement in

$$\delta\, A = \sum_k Q_k\, \delta\, q_k = \sum_{\varrho=1}^{f} (\sum_k Q_k\, \beta_{k\varrho})\, \delta\, \xi_\varrho \tag{13,2}$$

über. Setzt man zur Abkürzung für

$$\sum_k Q_k\, \beta_{k\varrho} = \Xi_\varrho\,, \tag{13,3}$$

so wird

$$\delta\, A = \sum_\varrho \Xi_\varrho\, \delta\, \xi_\varrho\,. \tag{13,4}$$

Bezeichnet man ferner die kinetische Energie, ausgedrückt durch $\dot{\xi}_r$, mit

$$T'\,(q_k, \dot{\xi}_r) = T\,(q_k, \dot{q}_k)\,, \tag{13,5}$$

so wird aus (13,1):

$$\int_{t_1}^{t_2} \{\delta\, T'\,(q_k, \dot{\xi}_r) + \sum_\varrho \Xi_\varrho\, \delta\, \xi_\varrho\,\}\, dt = 0\,. \tag{13,6}$$

Schreibt man die Variation $\delta\, T'$ ausführlich, so wird

$$\int_{t_1}^{t_2} \left\{\sum_k \frac{\partial T'}{\partial q_k}\, \delta\, q_k + \sum_\varrho \frac{\partial T'}{\partial \dot{\xi}_\varrho}\, \delta\, \dot{\xi}_\varrho + \sum_\varrho \Xi_\varrho\, \delta\, \xi_\varrho\right\} dt = 0\,. \tag{13,7}$$

Setzt man hierin nach (9,48) für

$$\delta\, q_k = \sum_\varrho \beta_{k\varrho}\, \delta\, \xi_\varrho \tag{13,8}$$

ein, so wird

$$\sum_k \frac{\partial T'}{\partial q_k}\, \delta\, q_k = \sum_k \sum_\varrho \frac{\partial T'}{\partial q_k}\, \beta_{k\varrho} \delta\, \xi_\varrho \tag{13,9}$$

$$= \sum_\varrho \left[\sum_k \frac{\partial T'}{\partial q_k}\, \beta_{k\varrho}\right] \delta\, \xi_\varrho\,. \tag{13,10}$$

[1]) Clemens SCHAEFER: *1878 in Remscheid.

Damit geht (13,7) in

$$\int_{t_1}^{t_2} dt \sum_\varrho \left(\sum_k \frac{\partial T'}{\partial q_k}\beta_{k\varrho}\right)\delta\,\xi_\varrho + \int_{t_1}^{t_2} dt\left(\sum_\varrho \frac{\partial T'}{\partial \dot{\xi}_\varrho}\,\delta\,\dot{\xi}_\varrho\right) \tag{13,11}$$

$$+\int_{t_1}^{t_2} dt\,(\sum_\varrho \Xi_\varrho\,\delta\,\xi_\varrho) = 0$$

über. Das zweite in der letzten Gleichung auftretende Integral läßt sich so umformen, daß sein Integrand — ebenso wie die beiden anderen in (13,11) auftretenden Integranden — den Faktor $\delta\,\xi_\varrho$ enthält. Dies gelingt durch partielle Integration. Bei ihrer Ausführung ist jedoch zu beachten — und dies ist der wesentliche Unterschied zwischen holonomen und nichtholonomen Koordinaten —, daß die Operationen δ und d/dt nun nicht mehr vertauscht werden dürfen. Vielmehr gilt für nichtholonome Koordinaten nach (9,53), wenn statt der in dieser Gleichung auftretenden Summationsindizes ϱ und σ nunmehr r und s geschrieben werden,

$$\delta\,\dot{\xi}_\varrho = \frac{d\,\delta\xi_\varrho}{dt} - \sum_s\sum_r \gamma_{\varrho s r}\,\dot{\xi}_s\,\delta\,\xi_r\,. \tag{13,12}$$

Mit diesem Ausdruck wird aus dem zweiten in (13,11) auftretenden Integral

$$\int_{t_1}^{t_2} dt \sum_\varrho \frac{\partial T'}{\partial\dot{\xi}_\varrho}\,\delta\,\dot{\xi}_\varrho = \int_{t_1}^{t_2} \sum_\varrho \frac{\partial T'}{\partial\dot{\xi}_\varrho}\frac{d\,\delta\,\xi_\varrho}{dt}\,dt \tag{13,13}$$

$$-\int_{t_1}^{t_2} dt \sum_\varrho \frac{\partial T'}{\partial\dot{\xi}_\varrho}\sum_s\sum_r \gamma_{\varrho s r}\,\dot{\xi}_s\,\delta\,\xi_r$$

über. Das hierin auf der rechten Seite auftretende erste Integral läßt sich mittels partieller Integration wie folgt umformen. Es ist

$$\int_{t_1}^{t_2} \sum_\varrho \frac{\partial T'}{\partial\dot{\xi}_\varrho}\frac{d\,\delta\,\xi_\varrho}{dt}\,dt = \int_{t_1}^{t_2} \sum_\varrho \frac{\partial T'}{\partial\dot{\xi}_\varrho}\,d\,\delta\,\xi_\varrho \tag{13,14}$$

$$= \sum_\varrho \frac{\partial T'}{\partial\dot{\xi}_\varrho}\,\delta\,\xi_\varrho\Bigg|_{t_1}^{t_2} - \int_{t_1}^{t_2} \sum_\varrho \delta\,\xi_\varrho\,\frac{d}{dt}\left(\frac{\partial T'}{\partial\dot{\xi}_\varrho}\right)dt\,. \tag{13,15}$$

In diesem Ausdruck fällt der ausintegrierte Anteil fort, weil — wie schon mehrfach bemerkt —

$$\delta\,q_k\,(t_1) = \delta\,q_k\,(t_2) = 0 \tag{13,16}$$

ist, was nach (9,36):

$$\delta\,\xi_\varrho(t_1) = \delta\,\xi_\varrho(t_2) = 0 \tag{13,17}$$

zur Folge hat. Daher ist

$$\int_{t_1}^{t_2} \sum_\varrho \frac{\partial T'}{\partial \dot{\xi}_\varrho} \frac{d\,\delta\,\xi_\varrho}{dt}\,dt = -\int_{t_1}^{t_2} \sum_\varrho \delta\,\xi_\varrho \frac{d}{dt}\left(\frac{\partial T'}{\partial \dot{\xi}_\varrho}\right) dt\,. \tag{13,18}$$

Geht man damit in (13,13) ein, so ergibt sich

$$\begin{aligned}\int_{t_1}^{t_2} dt \left(\sum_\varrho \frac{\partial T'}{\partial \dot{\xi}_\varrho}\right) \delta\,\dot{\xi}_\varrho = &-\int_{t_1}^{t_2} \sum_\varrho \delta\,\xi_\varrho \frac{d}{dt}\left(\frac{\partial T'}{\partial \dot{\xi}_\varrho}\right) dt \\ &-\int_{t_1}^{t_2} \left(\sum_\varrho \frac{\partial T'}{\partial \dot{\xi}_\varrho} \sum_s \sum_r \gamma_{\varrho s r}\,\dot{\xi}_s\,\delta\,\xi_r\right) dt\,,\end{aligned} \tag{13,19}$$

oder, wenn man in der im vorstehenden Ausdruck auftretenden dreifachen Summe die Summationsindizes r und ϱ vertauscht,

$$\begin{aligned}\int_{t_1}^{t_2} \left(\sum_\varrho \frac{\partial T'}{\partial \dot{\xi}_\varrho}\,\delta\,\dot{\xi}_\varrho\right) dt = &-\int_{t_1}^{t_2} \sum_\varrho \delta\,\xi_\varrho \frac{d}{dt}\left(\frac{\partial T'}{\partial \dot{\xi}_\varrho}\right) dt \\ &-\int_{t_1}^{t_2} \sum_\varrho \left(\sum_r \sum_s \frac{\partial T'}{\partial \dot{\xi}_r} \gamma_{r s \varrho}\,\dot{\xi}_s\,\delta\,\xi_\varrho\right) dt\,.\end{aligned} \tag{13,20}$$

Setzt man dies in (13,11) ein, so geht diese Gleichung über in

$$\int_{t_1}^{t_2} \left\{ \sum_\varrho \left[\sum_k \frac{\partial T'}{\partial q_k} \beta_{k\varrho} - \frac{d}{dt} \frac{\partial T'}{\partial \dot{\xi}_\varrho} - \sum_r \sum_s \frac{\partial T'}{\partial \dot{\xi}_r} \gamma_{r s \varrho}\,\dot{\xi}_s + \Xi_\varrho \right] \delta\,\xi_\varrho \right\} dt = 0\,. \tag{13,21}$$

Hieraus folgt, weil die $\delta\,\xi_\varrho$ ebenso wie die $\delta\,q_k$ voneinander unabhängig sind, die Gültigkeit von

$$\frac{d}{dt} \frac{\partial T'}{\partial \dot{\xi}_\varrho} - \sum_k \frac{\partial T'}{\partial q_k} \beta_{k\varrho} + \sum_r \sum_s \frac{\partial T'}{\partial \dot{\xi}_r} \gamma_{r s \varrho}\,\dot{\xi}_s = \Xi_\varrho\,. \tag{13,22}$$

Diese für $\varrho\ (\rightarrow k) = 1, 2, \ldots, f$ geltenden Gleichungen sind die Verallgemeinerung der LAGRANGEschen Gleichungen (10,29).

Wir wollen als ein *Beispiel* für die Anwendung der erweiterten LAGRANGEschen Gleichungen 2. Art (13,22) mit deren Hilfe die EULERschen Kreiselgleichungen herleiten. Hierunter versteht man die Bewegungsgleichung eines Kreisels, das ist ein in einem Punkt festgehaltener starrer Körper, der also nur eine Rotationsbewegung auszuführen vermag.

Die EULERschen Kreiselgleichungen lauten in bezug auf das in dem rotierenden starren Körper verankerte Hauptachsensystem

$$A\frac{dp}{dt} + (C - B)\,q\,r = L \tag{13,23}$$

$$B\frac{dq}{dt} + (A - C)\,r\,p = M \tag{13,24}$$

$$C\frac{dr}{dt} + (B - A)\,p\,q = N\,. \tag{13,25}$$

Hierbei bedeuten nach einer von EULER eingeführten Bezeichnungsweise A, B, C die drei Hauptträgheitsmomente des Kreisels, p, q, r die Komponenten der Winkelgeschwindigkeit $\mathfrak{w}$ in bezug auf das Hauptachsensystem — siehe (9,21) — und L, M, N die Komponenten des Drehmomentes $\mathfrak{D}$ der auf den Kreisel einwirkenden resultierenden Kraft.

Die Gleichungen (13,23—25) werden in der Stereomechanik bekanntlich aus dem „Drehimpulssatz"

$$\frac{d\mathfrak{J}}{dt} = \mathfrak{D} \tag{13,26}$$

hergeleitet, in dem $\mathfrak{J}$ den Drehimpuls des rotierenden starren Körpers bedeutet.[1]) Man kann nun aber auch die Kreiselgleichungen (13,23—25) aus den LAGRANGEschen Gleichungen gewinnen, wobei jedoch jetzt deren erweiterte Form (13,22) zu verwenden ist. Der Grund hierfür geht aus dem in Kapitel 9 angegebenen Beispiel hervor, in dem gezeigt wurde, daß $p\,dt = \bar{d}\xi_1, \ldots,$ „Differentiale von Quasikoordinaten" sind und daher die Komponenten p, q, r der Winkelgeschwindigkeit $\mathfrak{w}$ nach (9,32) die Form

$$p = \dot{\xi}_1 = \left\{\frac{\bar{d}\xi_1}{dt}\right\} = \sum_{j=1}^{3} \alpha_{1j}\,\dot{q}_j \tag{13,27}$$

$$q = \dot{\xi}_2 = \left\{\frac{\bar{d}\xi_2}{dt}\right\} = \sum_{j=1}^{3} \alpha_{2j}\,\dot{q}_j \tag{13,28}$$

$$r = \dot{\xi}_3 = \left\{\frac{\bar{d}\xi_3}{dt}\right\} = \sum_{j=1}^{3} \alpha_{3j}\,\dot{q}_j \tag{13,29}$$

haben, wobei nach (9,22—24) die wahren Geschwindigkeiten

$$\dot{q}_1 = \dot{\varphi}\,, \quad \dot{q}_2 = \dot{\vartheta}\,, \quad \dot{q}_3 = \dot{\psi} \tag{13,30}$$

sind.

[1]) Von der heute im allgemeinen gebräuchlichen Bezeichnungsweise $\mathfrak{L}$ für den Drehimpuls soll hier abgesehen werden, damit keine Verwechslung mit der LAGRANGE-Funktion L oder mit der noch später einzuführenden LAGRANGE-Dichte $\mathfrak{L}$ entsteht.

Es liegen also, wenn man die Bewegungsgleichungen eines rotierenden Körpers in den Komponenten $\dot{\xi}_1 = p, \ldots$, ausdrücken will, genau die Ausgangsverhältnisse vor, die zu den erweiterten LAGRANGEschen Gleichungen (13,22) führen. Deshalb sind nur diese — und nicht die „einfache" Form (10,29) — anzuwenden, um die Bewegungsgleichung eines rotierenden Körpers in Form der EULERschen Gleichung (13,23—25) zu finden.

Zu ihrer Herleitung benötigt man nach (13,4/5) das Arbeitselement δA und die kinetische Energie T', ausgedrückt durch $\bar{d}\,\xi_1, \ldots$ bzw. durch $\dot{\xi}_1, \ldots$

Nun lehrt die Stereomechanik, daß

$$\delta A = \sum_{\varrho} \Xi_{\varrho}\, \delta \xi_{\varrho} \tag{13,31}$$

$$= L\, \delta \xi_1 + M\, \delta \xi_2 + N\, \delta \xi_3 \tag{13,32}$$

ist, wobei im Sinne der EULERschen Bezeichnungsweise L, M, N die Komponenten des Drehmomentes

$$\mathfrak{D} = \{D_x, D_y, D_z\} \to \{L, M, N\} \tag{13,33}$$

$$= \{\Xi_1, \Xi_2, \Xi_3\} \tag{13,34}$$

der auf den Kreisel wirkenden resultierenden Kraft bedeuten. Ferner ist die kinetische Energie des Kreisels, ausgedrückt durch die $\dot{\xi}_k$,

$$T'(q_k, \dot{\xi}_r) = \frac{1}{2}(A\, \dot{\xi}_1^2 + B\, \dot{\xi}_2^2 + C\, \dot{\xi}_3^2) \tag{13,35}$$

$$= \frac{1}{2}(A\, p^2 + B\, q^2 + C\, r^2)\,. \tag{13,36}$$

Hieraus ergibt sich für das erste Glied in der Bewegungsgleichung (13,22) für $\varrho = 1$:

$$\frac{d}{dt}\frac{\partial T'}{\partial \dot{\xi}_1} = \frac{d}{dt} A\, \dot{\xi}_1 = A \frac{dp}{dt} \tag{13,37}$$

und zwei entsprechende Ausdrücke für $\varrho = 2, 3$, während das zweite Glied

$$\frac{\partial T'}{\partial q_k} = 0 \tag{13,38}$$

für jedes ϱ ist. Es verbleibt daher nur noch die Bestimmung der Koeffizienten $\gamma_{sr\varrho}$.

Diese sind durch (9,52) definiert, worin die α_{kj} die in (9,22—24) auftretenden Koeffizienten der $\dot{\phi}, \dot{\vartheta}, \dot{\psi}$ sind. Es ist also

$$\alpha_{11} = \sin\psi \sin\vartheta\,, \quad \alpha_{12} = \cos\psi\,, \quad \alpha_{13} = 0 \tag{13,39}$$

$$\alpha_{21} = \cos\psi \sin\vartheta\,, \quad \alpha_{22} = -\sin\vartheta\,, \quad \alpha_{23} = 0 \tag{13,40}$$

$$\alpha_{31} = \cos\vartheta\,, \quad \alpha_{32} = 0\,, \quad \alpha_{33} = 1\,. \tag{13,41}$$

Die in (9,52) auftretenden $\beta_{j\sigma}$ sind nach (9,49) die Koeffizienten von p, q, r, wenn (9,22—24) nach den $\dot{q}_k$ ($\rightarrow \dot{\varphi}, \dot{\vartheta}, \dot{\psi}$) aufgelöst werden. Führt man die Auflösung durch, so ergibt sich

$$\dot{\varphi} = \sum_\sigma \beta_{1\sigma} \overset{*}{\xi}_\sigma = p \cdot \frac{\sin\psi}{\sin\vartheta} + q \cdot \frac{\cos\psi}{\sin\vartheta} + r \cdot 0 \tag{13,42}$$

$$\dot{\vartheta} = \sum_\sigma \beta_{2\sigma} \overset{*}{\xi}_\sigma = p\cos\psi - q\sin\psi + r \cdot 0 \tag{13,43}$$

$$\dot{\psi} = \sum_\sigma \beta_{3\sigma} \overset{*}{\xi}_\sigma = -p \cdot \frac{\cos\vartheta\sin\psi}{\sin\vartheta} - q\frac{\cos\vartheta\cos\psi}{\sin\vartheta} + r \cdot 1\,. \tag{13,44}$$

Aus diesen Gleichungen sind die $\beta_{j\sigma}$ unmittelbar zu entnehmen.

Bestimmt man nach der Vorschrift (9,52) die γ, so erhält man nach einer etwas umständlichen, aber elementaren Rechnung folgende Werte:

$$\begin{aligned} \gamma_{132} = -\gamma_{123} = -\gamma_{231} &= \gamma_{213} \\ &= \gamma_{321} = -\gamma_{312} = 1\,, \end{aligned} \tag{13,45}$$

während alle anderen Koeffizienten, das sind die mit zwei oder drei gleichen Indizes, verschwinden.

Bildet man daher die in (13,22) auftretende Doppelsumme, so reduziert sich diese auf nur zwei Glieder, weil für ein festes ϱ nach (13,45) nur zwei γ von Null verschieden sind.

So erhält man etwa für $\varrho = 1$

$$\sum_r \sum_s \frac{\partial T'}{\partial \overset{*}{\xi}_r} \gamma_{rs1} \overset{*}{\xi}_s = \frac{\partial T'}{\partial \overset{*}{\xi}_3} \overset{*}{\xi}_2 - \frac{\partial T'}{\partial \overset{*}{\xi}_2} \overset{*}{\xi}_3\,, \tag{13,46}$$

und das ist wegen (13,35/36):

$$\ldots = (C - B)\, q\, r\,. \tag{13,47}$$

In Verbindung mit (13,33/34) und (13,37) erhält man daher aus (13,22) die EULERsche Gleichung (13,23). Auf gleichem Wege erhält man für $\varrho = 2$ bzw. 3 die beiden anderen Gleichungen (13,24/25).

14. Bemerkungen über andere Prinzipe der Mechanik

Außer dem bisher behandelten Prinzip von D'ALEMBERT (welches das Prinzip der virtuellen Arbeit als Sonderfall enthält) sowie dem HAMILTONschen und dem GAUSSschen Prinzip, gibt es noch eine Reihe anderer Prinzipe. Da sie jedoch kaum angewendet werden, wollen wir auf sie nur kurz eingehen.

Diese Prinzipe, die auf MAUPERTUIS, EULER, JACOBI u. a. zurückgehen, waren anfänglich z. T. nicht klar formuliert. Dies ist jedoch heute möglich, denn im Laufe der Entwicklung der Mechanik hat es sich herausgestellt, daß man diese Prinzipe als Sonderfälle einer Gleichung erhält, die sich aus der LAGRANGEschen Zentralgleichung (12,9) in Verbindung mit Formeln ergibt, die der Δ-Prozeß liefert.

Der Δ-Prozeß ist in Kapitel 3, Abschnitt 3, behandelt worden. Während dort die Unabhängige x ist, ist es jetzt die Zeit t. Man hat daher in Formeln, die aus Kapitel 3 übernommen und hier verwendet werden, die Unabhängige x mit t und die Funktion $y\,(x)$ mit $q_k\,(t)$ zu identifizieren.

Wir benötigen zunächst die Δ-Variation von $q\,(t)$ und $\dot{q}\,(t)$. Diese erhält man aus (3,31/32) für $\varepsilon = 0$. Das liefert

(14,1) $$\Delta\, q\,(t) = \delta\, q_k\,(t) + \dot{q}_k\,(t)\,\Delta t$$

(14,2) $$\Delta\, \dot{q}\,(t) = \delta\, \dot{q}_k\,(t) + \ddot{q}_k\,(t)\,\Delta t\,.$$

Es sei nun weiterhin F eine stetig differenzierbare Funktion von $q_k\,(t)$, $\dot{q}_k\,(t)$ und t. Man erhält dann

(14,3) $$\Delta F\,(q_k, \dot{q}_k, t) = \sum_{l=1}^{f} \left\{\frac{\partial F}{\partial q_l}\Delta q_l + \frac{\partial F}{\partial \dot{q}_l}\Delta \dot{q}_l + \frac{\partial F}{\partial t}\Delta t\right\}$$

oder mit (14,1/2):

(14,4) $$\Delta F = \sum_{l=1}^{f} \left\{\frac{\partial F}{\partial q_l}(\delta q_l + \dot{q}_l \Delta t) + \frac{\partial F}{\partial \dot{q}_l}(\delta \dot{q}_l + \ddot{q}_l \Delta t) + \frac{\partial F}{\partial t}\Delta t\right\}$$

(14,5) $$= \sum_{l} \left\{\frac{\partial F}{\partial q_l}\delta q_l + \frac{\partial F}{\partial \dot{q}_l}\delta \dot{q}_l\right\} + \Delta t \sum_{l=1}^{f} \left\{\frac{\partial F}{\partial q_l}\dot{q}_l + \frac{\partial F}{\partial \dot{q}_l}\ddot{q}_l + \frac{\partial F}{\partial t}\right\}.$$

Andererseits ist — weil beim δ-Prozeß die Zeit festgehalten wird ($\delta t = 0$) —:

(14,6) $$\delta F\,(q_k, \dot{q}_k, t) = \sum_{l=1}^{f} \left\{\frac{\partial F}{\partial q_l}\delta q_l + \frac{\partial F}{\partial \dot{q}_l}\delta \dot{q}_l\right\}$$

und weiterhin

(14,7) $$\frac{dF}{dt} = \sum_{l} \left\{\frac{\partial F}{\partial q_k}\dot{q}_l + \frac{\partial F}{\partial \dot{q}_l}\ddot{q}_l + \frac{\partial F}{\partial t}\right\}.$$

Mit den beiden letzten Gleichungen ergibt sich aus (14,5):

(14,8) $$\Delta F = \delta F + \frac{dF}{dt}\Delta t\,.$$

Dies stimmt formal mit (14,1/2) überein, welche Beziehungen sich aus (14,8) für $F = q_k$ bzw. für $F = \dot{q}_k$ ergeben.

Mit den vorstehenden Gleichungen haben wir das im folgenden Benötigte bereitgestellt.

Wir schließen nun an die Lagrangesche Zentralgleichung (12,9):

(14,9) $$\delta T + \delta A = \frac{d}{dt}\sum_{i=1}^{3n} m_i\, \dot{x}_i\, \delta x_i$$

an, die wir auf generalisierte Koordinaten umschreiben wollen. Dies gelingt mit Verwendung der Beziehung (9,7), die jedoch nur für skleronome Systeme gilt. Um auch den rheonomen Fall einzuschließen, müssen wir statt (9,7) die Verknüpfungsgleichungen

$$x_i = x_i(q_k, t) \tag{14,10}$$

verwenden, in denen die Zeit t explizit auftritt.
Hieraus folgt

$$\dot{x}_i = \sum_k \frac{\partial x_i}{\partial q_k} \dot{q}_k + \frac{\partial x_i}{\partial t} \tag{14,11}$$

$$= \sum_k a_{ik}(q_1, q_2, \ldots, q_f, t)\, \dot{q}_k + a_{i0}(q_1, q_2, \ldots, q_f, t)\,. \tag{14,12}$$

Weiterhin ist (wegen $\delta t = 0$) die virtuelle Verschiebung

$$\delta x_i = \sum_k a_{ik}\, \delta q_k\,. \tag{14,13}$$

Geht man mit den beiden letzten Gleichungen in (14,9) ein, so erhält man

$$\sum_{i=1}^{3n} m_i \dot{x}_i \delta x_i = \sum_i m_i \left(\sum_{k=1}^{f} a_{ik} \dot{q}_k + a_{i0}\right) \sum_{l=1}^{f} a_{il}\, \delta q_l \tag{14,14}$$

$$= \sum_i m_i \sum_k \sum_l (a_{ik} a_{il} \dot{q}_k + a_{i0} a_{il})\, \delta q_l \tag{14,15}$$

$$= \sum_l \left\{\sum_i m_i \left(\sum_k a_{ik} \dot{q}_k + a_{i0}\right) a_{il}\right\} \delta q_l\,. \tag{14,16}$$

Der in der geschweiften Klammer stehende Ausdruck ist in den $\dot{q}_k$ linear. Er läßt sich durch die erste Ableitung der kinetischen Energie

$$T = T(q_k, \dot{q}_k) \tag{14,17}$$

nach $\dot{q}_l$ ausdrücken. Die explizite Form von (14,17) ergibt sich mit (14,12) aus

$$T = \sum_i \frac{m_i}{2} \dot{x}_i^2 \tag{14,18}$$

$$= \sum_i \frac{m_i}{2} \left(\sum_k a_{ik} \dot{q}_k + a_{i0}\right)^2. \tag{14,19}$$

Differenziert man dies nach $\dot{q}_l$, d. h. bildet man

$$\frac{\partial T}{\partial \dot{q}_l} = \sum_i \frac{m_i}{2} \frac{\partial}{\partial \dot{q}_l} \left(\sum_k a_{ik} \dot{q}_k + a_{i0}\right)^2, \tag{14,20}$$

so ergibt sich

$$\frac{\partial T}{\partial \dot{q}_l} = \sum_i m_i \left(\sum_k a_{ik} \dot{q}_k + a_{i0}\right) a_{il}\,. \tag{14,21}$$

Das ist der in (14,16) auftretende Faktor von δq_l. Daher geht (14,16) in

$$\sum_i m_i \dot{x}_i \delta x_i = \sum_l \frac{\partial T}{\partial \dot{q}_l} \delta q_l \tag{14,22}$$

und damit die LAGRANGEsche Zentralgleichung (14,9) in

$$\delta T + \delta A = \frac{d}{dt} \sum_{l} \frac{\partial T}{\partial \dot{q}_l} \delta q_l \tag{14,23}$$

über.

Ersetzt man hier δq_l nach (14,1), so ergibt sich

$$\delta T + \delta A = \frac{d}{dt} \sum_{l=1}^{f} \frac{\partial T}{\partial \dot{q}_l} (\Delta q_l - \dot{q}_l \Delta t) \tag{14,24}$$

und daraus schließlich durch Integration über das Intervall $t_1 \leqq t \leqq t_2$:

$$\int_{t_1}^{t_2} (\delta T + \delta A)\, dt = \sum_{l=1}^{f} \frac{\partial T}{\partial \dot{q}_l} (\Delta q_l - \dot{q}_l \Delta t) \Big|_{t_1}^{t_2}. \tag{14,25}$$

Aus dieser Integralformel lassen sich durch Spezialisierung einige Integralprinzipe[1]) herleiten.

1. Verschwindet an beiden Intervallgrenzen t_1 und t_2 sowohl Δq_l als auch Δt, so ergibt sich aus (14,25) das uns schon bekannte verallgemeinerte HAMILTON-Prinzip (12,12), das demnach auch für rheonome Systeme gilt.

2. Wir lassen an den Grenzen t_1 und t_2 beliebige Variationen Δq_l und Δt zu, nehmen jedoch jetzt an, daß es sich um ein skleronomes System handelt. Dann sind die

$$a_{i0} = 0\,. \tag{14,26}$$

Damit wird nach (14,21) die kinetische Energie T eine homogene quadratische Funktion der $\dot{q}_k$, und es gilt (nach einem Satz von EULER)

$$\sum_{l=1}^{f} \dot{q}_l \frac{\partial T}{\partial \dot{q}_l} = 2\,T\,. \tag{14,27}$$

Setzt man abkürzend[2])

$$\frac{\partial T}{\partial \dot{q}_l} = p_l\,, \tag{14,28}$$

so ergibt sich mit den beiden letzten Gleichungen für die rechte Seite von (14,25):

$$\sum_{l=1}^{f} \frac{\partial T}{\partial \dot{q}_l} (\Delta q_l - \dot{q}_l \Delta t) \Big|_{t_1}^{t_2} = \left(\sum_{l=1}^{f} p_l \Delta q_l - 2\,T \Delta t \right)_{t_1}^{t_2}. \tag{14,29}$$

[1]) Zur Erklärung dieses Ausdruckes bemerken wir: Der Inhalt der in diesem Buch behandelten Prinzipe besteht darin, daß die Variation einer das System kennzeichnenden Größe verschwindet. Ist diese Größe ein Integralausdruck, so spricht man von einem Integralprinzip, anderenfalls von einem Differentialprinzip.

[2]) Näheres hierzu siehe Kapitel 15.

Weiterhin setzen wir voraus, daß die auf das System einwirkenden Kräfte konservativ sind. Dann gilt (12,13), und es geht daher der Integrand von (14,25) in

$$\delta T + \delta A = \delta T - \delta V = \delta (T - V) = \delta L \tag{14,30}$$

über.

Mit den beiden vorstehenden Ausdrücken wird aus (14,25):

$$\int_{t_1}^{t_2} \delta L \, dt = \left(\sum_{l=1}^{f} p_l \Delta q_l - 2\, T \Delta t \right)_{t_1}^{t_2}. \tag{14,31}$$

Das Integral in (14,31) können wir noch in eine zu (12,16) analoge Form bringen. Zu diesem Zweck definieren wir als Δ-Variation eines bestimmten Integrals den Ausdruck

$$\Delta \int_{t_1}^{t_2} F(q_k, \dot{q}_k, t)\, dt = \int_{t_1}^{t_2} F(q_k + \Delta q_k, \dot{q}_k + \Delta \dot{q}_k, t + \Delta t)\, d(t + \Delta t) - \int_{t_1}^{t_2} F(q_k, \dot{q}_k, t)\, dt. \tag{14,32}$$

Den Integranden des ersten Integrals der rechten Seite dieser Gleichungen schreiben wir als

$$F(q_k + \Delta q_k, \dot{q}_k + \Delta \dot{q}_k, t + \Delta t) = F(q_k, \dot{q}_k, t) + \Delta F(q_k, \dot{q}_k, t) \tag{14,33}$$

und erhalten damit

$$\Delta \int_{t_1}^{t_2} F\, dt = \int_{t_1}^{t_2} \{F\, dt + F\, d\Delta t + \Delta F\, dt + \Delta F\, d\Delta t - F\, dt\} \tag{14,34}$$

$$\approx \int_{t_1}^{t_2} \{F\, d\Delta t + \Delta F\, dt\}, \tag{14,35}$$

wobei das vierte Glied in (14,34) als klein von zweiter Ordnung vernachlässigt wurde. Integriert man den ersten Term auf der rechten Seite von (14,35) partiell, so hat man

$$\Delta \int_{t_1}^{t_2} F\, dt = \int_{t_1}^{t_2} \left\{\Delta F - \Delta t \frac{dF}{dt}\right\} dt + F \Delta t \Big|_{t_1}^{t_2} \tag{14,36}$$

und bei Verwendung von (14,8):

$$\Delta \int_{t_1}^{t_2} F\, dt = \int_{t_1}^{t_2} \delta F\, dt + F \Delta t \Big|_{t_1}^{t_2}. \tag{14,37}$$

Damit ergibt sich schließlich aus (14,31) mit $F = L$:

$$\Delta \int_{t_1}^{t_2} L\, dt = \left(\sum_{l=1}^{f} p_l \Delta q_l - (2\, T - L) \Delta t \right)_{t_1}^{t_2} \tag{14,38}$$

$$= \left(\sum_{l=1}^{f} p_l \Delta q_l - E \Delta t \right)_{t_1}^{t_2}, \tag{14,39}$$

wobei $E = T + V$ die Gesamtenergie des mechanischen Systems ist. Diese Aussage bezeichnet man als das *Prinzip der variierenden Wirkung*.

3. Die Vielfalt der Konkurrenzbahnen soll nun dadurch eingeschränkt werden, daß wir nur solche virtuellen Verschiebungen zulassen, bei denen die geleistete Arbeit

$$\delta A = \delta T\,, \tag{14,40}$$

d. h. der Änderung der kinetischen Energie gleich ist. Dann erhält man bei Verwendung von (14,8):

$$\int_{t_1}^{t_2} (\delta T + \delta A)\, dt = 2 \int_{t_1}^{t_2} \delta T\, dt = 2 \int_{t_1}^{t_2} \left(\varDelta T - \varDelta t \frac{dT}{dt}\right) dt \tag{14,41}$$

und daraus durch partielle Integration des letzten Terms

$$\int_{t_1}^{t_2} (\delta T + \delta A)\, dt = 2 \int_{t_1}^{t_2} \left(\varDelta T + T \frac{d\varDelta t}{dt}\right) dt - 2\, T \varDelta t \Big|_{t_1}^{t_2} \tag{14,42}$$

$$= 2 \int_{t_1}^{t_2} (\varDelta T\, dt + T\, d\varDelta t) - 2\, T \varDelta t \Big|_{t_1}^{t_2}. \tag{14,43}$$

Dies Integral läßt sich, wenn man (14,35) verwendet und darin $F = T$ setzt, in die Form

$$\int_{t_1}^{t_2} (\delta T + \delta A)\, dt = 2 \varDelta \int_{t_1}^{t_2} T\, dt - 2\, T \varDelta t \Big|_{t_1}^{t_2} \tag{14,44}$$

bringen. Damit ergibt sich aus (14,25):

$$\varDelta \int_{t_1}^{t_2} T\, dt = \left(\sum_{l=1}^{f} \frac{1}{2} \frac{\partial T}{\partial \dot{q}_l} (\varDelta q_l - \dot{q}_l \varDelta t + T \varDelta t)\right)_{t_1}^{t_2}. \tag{14,45}$$

Setzt man an den Intervallgrenzen $t = t_1$ und $t = t_2$ das Verschwinden des ausintegrierten Terms voraus, d. h. daß

$$\sum_{l=1}^{f} \frac{\partial T}{\partial \dot{q}_l} \varDelta q_l = \left(\sum_l \frac{\partial T}{\partial \dot{q}_l} \varDelta q_l - 2\, T\right) \varDelta t \tag{14,46}$$

ist, so reduziert sich (14,45) auf

$$\varDelta \int_{t_1}^{t_2} T\, dt = 0\,. \tag{14,47}$$

Diesen, für rheonome Systeme geltenden Ausdruck, nennt man das EULER-MAUPERTUIS*sche Prinzip* (der „kleinsten Wirkung“). Es gilt nur dann, wenn (14,40) und (14,46) erfüllt sind.

4. Für den einfacheren Fall, daß ein skleronomes System vorliegt, folgt aus (14,45) in Verbindung mit (14,27/28):

$$\Delta \int_{t_1}^{t_2} T\,dt = \frac{1}{2} \sum_{l=1}^{f} p_l \Delta q_l \Big|_{t_1}^{t_2}. \tag{14,48}$$

Der rechtsseitige Term verschwindet, wenn Δq_l für t_1 und t_2 gleich Null ist, unabhängig davon, welche Werte Δt_1 und Δt_2 haben.

5. Das EULER-MAUPERTUISsche Prinzip (14,47) läßt sich in eine andere Form bringen, wenn (14,40) durch die stärkere Forderung ersetzt wird, daß längs jeder Konkurrenzbahn der Energieerhaltungssatz

$$T + V = E \tag{14,49}$$

mit gleichem E gilt. Wenn zusätzlich (14,26) erfüllt ist, läßt sich (14,47) wie folgt umformen: Nach (14,21) ist die kinetische Energie jetzt durch

$$T = \sum_k \sum_l \bar{a}_{kl} \frac{dq_l}{dt} \frac{dq_k}{dt} \tag{14,50}$$

mit

$$\bar{a}_{kl} = \sum_\iota \frac{m_\iota}{2} a_{\iota k} a_{\iota l} \tag{14,51}$$

gegeben.

Aus (14,50) folgt unter Beachtung von (14,49):

$$dt = + \sqrt{\frac{\sum_k \sum_l \bar{a}_{kl}\, dq_k\, dq_l}{(E - V)}}. \tag{14,52}$$

Da die $\bar{a}_{kl}$ ebenso wie die potentielle Energie V nur von den Ortskoordinaten q_k abhängen, wird durch (14,52) das Zeitelement dt durch — wie man zu sagen pflegt — rein geometrische Größen ausgedrückt.

Geht man mit (14,52) in das EULER-MAUPERTUISsche Prinzip (14,47) ein, so wird daraus mit (14,49):

$$\Delta \int_{t_1}^{t_2} T\,dt = \Delta \int_{P_1}^{P_2} \sqrt{(E - V) \sum_k \sum_l \bar{a}_{kl}\, dq_k\, dq_l} = 0. \tag{14,53}$$

Hierbei sind die Integrationsgrenzen P_1 und P_2 die zu den Zeiten t_1 und t_2 gehörenden Koordinaten des Systems. Die letzte Gleichung ist die Formulierung des EULER-MAUPERTUISschen „Prinzips der kleinsten Wirkung" von JACOBI.

Für den Sonderfall, daß nur ein Massenpunkt m vorliegt, wird aus (14,53):

$$\Delta \int_{t_1}^{t_2} T\,dt = \Delta \int_{t_1}^{t_2} \frac{m}{2} \dot{\mathfrak{r}}^2\,dt \tag{14,54}$$

$$\sim \Delta \int_{P_1}^{P_2} m\,v\,ds = 0. \tag{14,55}$$

Nach den vorstehend behandelten Integralprinzipen wollen wir noch ein Differentialprinzip angeben, das 1908 von JOURDAIN[1]) angegeben wurde. Es kann als ein Prinzip angesehen werden, das „zwischen" dem von D'ALEMBERT (Kapitel 6) und dem GAUSSschen Prinzip (Kapitel 7) steht.

Während D'ALEMBERT die Bahnen $x_i(t)$ mit Nachbarbahnen vergleicht, so daß

(14,56) $$\delta x_i \neq 0$$

ist, und beim GAUSSschen Prinzip die Bewegung mit einer anderen verglichen wird, bei der die Beschleunigungskomponenten

(14,57) $$\delta \ddot{x}_i \neq 0$$

sind, wird nach JOURDAIN bei fester Zeit der Ort festgehalten, d. h.

(14,58) $$\delta t = 0, \quad \delta x_i = 0$$

gesetzt, dagegen die Geschwindigkeit variiert:

(14,59) $$\delta \dot{x}_i \neq 0 .$$

JOURDAIN formuliert sein Prinzip so, daß das mechanische Verhalten eines Systems sich aus

(14,60) $$\sum_{i=1}^{3n} (K_i - m_i \ddot{x}_i) \, \delta \dot{x}_i = 0$$

ermitteln läßt.

Aus diesem Prinzip kann man die Bewegungsgleichungen für den „gemischten" Fall (Kapitel 7) gewinnen, daß das Punktsystem sowohl anholonomen als auch holonomen Nebenbedingungen unterliegt.

Wir wollen annehmen, daß die Bewegungsfreiheit des Systems durch die $r + p$ rheonomen Nebenbedingungen

(14,61) $$F_j(x_i, \dot{x}_i, t) = 0, \quad j = 1, 2, \ldots, r, r+1, \ldots, r+p$$

eingeschränkt ist.

Die ersten r Gleichungen (14,61) sollen nichtintegrierbar, d. h. anholonom sein. Die restlichen p Gleichungen (14,61) wollen wir als integrierbar voraussetzen. Dann lassen sie sich in der Form

(14,62) $$F_j(x_i, \dot{x}_i, t) = \sum_{i=1}^{3n} \frac{\partial \Phi_j}{\partial x_i} \dot{x}_i + \frac{\partial \Phi_j}{\partial t} = 0, \quad j = r+1, \ldots, r+p$$

mit

(14,63) $$\Phi_j = \Phi_j(x_i, t)$$

schreiben und können daher durch die p holonomen Nebenbedingungen

(14,64) $$\Phi_j(x_i, t) - c_j = 0$$

[1]) Philip JOURDAIN: * 1879 in Cambridge, † 1919 in Cambridge.

ersetzt werden, worin die c_j bei der Integration von (14,62) auftretende Konstanten sind.

Die im Prinzip von JOURDAIN (14,60) auftretenden Variationen $\delta \dot{x}_i$ der Geschwindigkeit haben gemäß (14,61) den Bedingungen

$$F_j(x_i, \dot{x}_i + \delta \dot{x}_i, t) = 0 \tag{14,65}$$

zu genügen. Mit

$$F_j(x_i, \dot{x}_i + \delta \dot{x}_i, t) = F_j(x_i, \dot{x}_i, t) + \sum_{i=1}^{3n} \frac{\partial F_j}{\partial \dot{x}_i} \delta \dot{x}_i \tag{14,66}$$

ergibt sich daraus in Verbindung mit (14,61):

$$\sum_{i=1}^{3n} \frac{\partial F_j}{\partial \dot{x}_i} \delta \dot{x}_i = 0 . \tag{14,67}$$

Kombiniert man diese Gleichungen unter Verwendung der LAGRANGEschen Faktoren λ_j mit (14,60), so erhält man

$$\sum_{i=1}^{3n} \left\{ K_i - m_i \ddot{x}_i + \sum_{j=1}^{r+p} \lambda_j \frac{\partial F_j}{\partial \dot{x}_i} \right\} \delta \dot{x}_i = 0 . \tag{14,68}$$

Hieraus folgen nach der schon mehrfach benutzten Schlußweise die Bewegungsgleichungen

$$m_i \ddot{x}_i = K_i + \sum_{j=1}^{r+p} \lambda_j \frac{\partial F_j}{\partial \dot{x}_i} . \tag{14,69}$$

Wenn man noch (14,62) beachtet und die Summe in (14,69) aufspaltet, so erhält man die Form

$$m_i \ddot{x}_i = K_i + \sum_{j=1}^{r} \lambda_j \frac{\partial F_j}{\partial \dot{x}_i} + \sum_{j=r+1}^{r+p} \lambda_j \frac{\partial \Phi_j}{\partial x_i} , \tag{14,70}$$

in der die aus den anholonomen und holonomen Nebenbedingungen resultierenden Zwangskräfte getrennt erscheinen.

Die Bewegungsgleichungen (14,70) enthalten die bereits mit Hilfe des GAUSSschen Prinzips gewonnenen Bewegungsgleichungen (7,26) und (7,44) als Sonderfälle. Wie aber schon am Ende von Kapitel 7 erwähnt, läßt sich (14,70) auch aus dem GAUSSschen Prinzip gewinnen. Man kann daher sagen, daß sowohl das GAUSSsche als auch das JOURDAINsche Prinzip die Aufstellung der Bewegungsgleichungen für den allgemeinen („gemischten") Fall erlauben. Dies gelingt indessen mit Hilfe des D'ALEMBERTschen Prinzips nur dann, wenn — wie bereits in Kapitel 6 gezeigt wurde — alle anholonomen Nebenbedingungen in den Geschwindigkeitskomponenten $\dot{x}_i$ linear sind.

C. Die Hamiltonsche Mechanik

15. Die Hamiltonschen Gleichungen

Die LAGRANGEschen Gleichungen (10,29) sind f Differentialgleichungen 2. Ordnung. Nach einem bekannten Satz lassen sie sich in ein System von $2f$ Differentialgleichungen 1. Ordnung überführen. Vielfach macht man dies so, daß man die f neuen Größen

(15,1) $$r_k(t) = \dot{q}_k(t)$$

einführt und diese neben den $q_k(t)$ als zu bestimmende Funktionen ansieht. Hierzu stehen die $2f$ Differentialgleichungen (15,1) und (10,29) — in denen man sich die r_k eingesetzt denken muß — zur Verfügung.

Man kann aber auch anders vorgehen, indem man etwa statt der $\dot{q}_k$ neue f Größen p_k einführt, die durch

(15,2) $$p_k = \frac{\partial L}{\partial \dot{q}_k}, \quad k = 1, 2, \ldots, f$$

definiert sind und *generalisierte Impulse* genannt werden.

Mit (15,2) nehmen die LAGRANGEschen Gleichungen (10,29) die Form

(15,3) $$\dot{p}_k = \frac{\partial L}{\partial q_k}$$

an. Sie bilden mit (15,2) ein weiteres System von $2f$ Gleichungen, in das sich (10,29) aufspalten läßt.

Die beiden letzten Gleichungssysteme weisen eine gewisse Symmetrie auf, die sich jedoch noch vergrößern läßt. Dies gelingt vermöge einer LEGENDRE*schen Transformation.*[1])

Darunter versteht man (im einfachsten Fall) den Übergang von einer Funktion

(15,4) $$f = f(x, y)$$

zu einer anderen Funktion

(15,5) $$\varphi = \varphi(u, y),$$

[1]) Adrien Marie LEGENDRE: * 1752 in Paris, † 1833 in Paris.

in der die neue Unabhängige

(15,6) $$u = \frac{\partial f}{\partial x}$$

ist. Dabei muß φ die Eigenschaft haben, daß die Ableitung

(15,7) $$\frac{\partial \varphi}{\partial u} = x ,$$

d. h. die ursprüngliche Unabhängige x liefert.

Der Übergang $f(x, y) \to \varphi(u, y)$ vollzieht sich wie folgt. Es ist

(15,8) $$df = \frac{\partial f}{\partial x} dx + \frac{\partial f}{\partial y} dy$$

(15,9) $$= u(x, y)\, dx + \frac{\partial f}{\partial y} dy .$$

Faßt man nun im Sinne der LEGENDREschen Transformation u als neue Unabhängige auf, so kann wegen

(15,10) $$u\, dx = d(u\, x) - x\, du$$

statt (15,9) auch

(15,11) $$df = d(u\, x) - x\, du + \frac{\partial f}{\partial y} dy$$

oder

(15,12) $$d(f - u\, x) = - x\, du + \frac{\partial f}{\partial y} dy$$

geschrieben werden.

Setzt man

(15,13) $$f - u\, x = - \varphi(u, y),$$

so erhält man das vollständige Differential

(15,14) $$d\varphi = x\, du - v\, dy$$

der Funktion

(15,15) $$\varphi = \varphi(u, y) ,$$

die genau die Forderung (15,7) erfüllt.

Überträgt man die vorstehenden Darlegungen auf die LAGRANGE-Funktion

(15,16) $$L = L(\dot{q}_k, q_k, t)$$

und führt an Stelle der $\dot{q}_k$ die durch (15,2) definierten neuen Variablen p_k ein, so heißt dies, daß durch die LEGENDRE-Transformation aus L eine Funktion

(15,17) $$H = H\,(p_k, q_k, t)$$

entsteht, die die Beziehungen

(15,18) $$\frac{\partial H}{\partial p_k} = \dot{q}_k$$

erfüllt. Man nennt H die HAMILTON-*Funktion*.

Um H zu finden, haben wir die vorstehende, für den einfachsten Fall geltende Rechnung zu verallgemeinern.

Zunächst ergibt sich durch Bildung des totalen Differentials von (15,16):

(15,19) $$dL = \sum_k \frac{\partial L}{\partial \dot{q}_k} d\dot{q}_k + \sum_k \frac{\partial L}{\partial q_k} dq_k + \frac{\partial L}{\partial t} dt\,.$$

Setzt man hierin (15,2/3) ein, so wird

(15,20) $$dL = \sum_k p_k\, d\dot{q}_k + \sum_k \dot{p}_k\, dq_k + \frac{\partial L}{\partial t} dt\,.$$

Nun ist

(15,21) $$p_k\, d\dot{q}_k = d\,(p_k\, \dot{q}_k) - \dot{q}_k\, dp_k\,,$$

womit (15,20) in

(15,22) $$dL = \sum_k d\,(p_k, \dot{q}_k) - \sum_k \dot{q}_k\, dp_k + \sum_k \dot{p}_k\, dq_k + \frac{\partial L}{\partial t} dt$$

oder

(15,23) $$d\,(L - \sum_k p_k\, \dot{q}_k) = -\sum_k \dot{q}_k\, dp_k + \sum_k \dot{p}_k\, dq_k + \frac{\partial L}{\partial t} dt$$

übergeht.

Hieraus ist zu ersehen, daß die linke Seite das totale Differential einer von den p_k, q_k und t abhängigen Funktion, d. h. nach (15,17) der HAMILTON-Funktion ist. Diese ist demnach — Verallgemeinerung von (15,12/13) — durch

(15,24) $$H\,(p_k, q_k, t) = \sum_k p_k\, \dot{q}_k - L\,(\dot{q}_k, q_k, t)$$

definiert.

Man könnte vielleicht meinen, daß die in (15,24) auf der linken Seite angegebene Abhängigkeit von p_k, q_k, t der rechten Seite dieser Gleichung widerspricht. Dieser Widerspruch ist jedoch nur scheinbar, wenn man beachtet, daß (15,24) nur in Verbindung mit (15,2) gilt. Danach ist wegen (15,16):

$$p_k = \frac{\partial L}{\partial \dot{q}_k} = p_k(\dot{q}_k, q_k, t) \, . \tag{15,25}$$

Dieses Gleichungssystem ($k = 1, 2, \ldots, f$) hat man nach den $\dot{q}_k$ aufzulösen, was

$$\dot{q}_k = \dot{q}_k(p_k, q_k, t) \tag{15,26}$$

ergibt. Mit diesen Ausdrücken sind dann die auf der rechten Seite von (15,24) auftretenden $\dot{q}_k$ zu eliminieren, und es wird dann H eine Funktion von p_k, q_k und t, wie es (15,17) verlangt.

Mit (15,24) wird aus (15,23):

$$dH(p_k, q_k, t) = \sum_k \dot{q}_k \, dp_k - \sum_k \dot{p}_k \, dq_k - \frac{\partial L}{\partial t} dt \, . \tag{15,27}$$

Hieraus folgt

$$\frac{\partial H}{\partial p_k} = + \dot{q}_k \tag{15,28}$$

$$\frac{\partial H}{\partial q_k} = - \dot{p}_k \tag{15,29}$$

$$\frac{\partial H}{\partial t} = - \frac{\partial L}{\partial t} \, . \tag{15,30}$$

Die Ausdrücke (15,28/29) sind das eingangs angekündigte symmetrische System der $2f$ Gleichungen, in das sich die f LAGRANGEschen Gleichungen (10,29) überführen lassen. Man nennt (15,28/29) die *HAMILTONschen Gleichungen* oder *kanonische* Bewegungsgleichungen. Die unabhängigen Variablen p_k und q_k werden als zueinander *kanonisch konjugiert* bezeichnet (vgl. Kapitel 19).

Da die HAMILTONschen Gleichungen eine besondere Form der Bewegungsgleichungen eines mechanischen Systems sind, müssen sie sich auch aus dem HAMILTONschen Prinzip

$$\delta \int_{t_1}^{t_2} L \, dt = 0 \tag{15,31}$$

herleiten lassen. Daß dieses tatsächlich der Fall ist und wie sich die Herleitung gestaltet, wollen wir nachstehend zeigen.

Wegen (15,24) kann für das Variationsprinzip (15,31) auch

$$\delta \int_{t_1}^{t_2} \{ \sum_k p_k \dot{q}_k - H(p_k, q_k, t) \} \, dt = 0 \tag{15,32}$$

geschrieben werden, wobei jetzt die $q_k = q_k(t)$ und $p_k = p_k(t)$ die gesuchten Funktionen sind, mit denenen das in (15,32) auftretende

Integral einen Extremwert annehmen soll. Nach (3,46) lauten die zu der Variationsaufgabe (15,32) gehörenden EULERschen Gleichungen

$$\frac{d}{dt}\frac{\partial\{\ \}}{\partial \dot{q}_k} - \frac{\partial\{\ \}}{\partial q_k} = 0 \tag{15,33}$$

$$\frac{d}{dt}\frac{\partial\{\ \}}{\partial \dot{p}_k} - \frac{\partial\{\ \}}{\partial p_k} = 0\,, \tag{15,34}$$

wobei mit { } der in (15,32) auftretende Integrand gemeint ist. Führt man die Differentiationen aus, so erhält man genau die HAMILTONschen Gleichungen (15,28/29).

16. Zyklische Variable

Bevor wir auf die Theorie der Integration der HAMILTONschen Gleichungen (15,28/29) eingehen, mögen einige Sonderfälle behandelt werden, die zu Erhaltungsaussagen führen.

1. Hängt die HAMILTON-Funktion H von einer generalisierten Koordinate, etwa von q_i, nicht explizit ab, so ist nach (15,29):

$$-\frac{\partial H}{\partial q_i} = \dot{p}_i = 0\,. \tag{16,1}$$

Hieraus folgt, daß der zu q_i kanonisch konjugierte Impuls

$$p_i = \alpha_i = \text{const} \tag{16,2}$$

eine von der Zeit unabhängige Größe, d. h. eine Erhaltungsgröße (oder wie man auch sagt, eine Konstante der Bewegung) ist. Man nennt eine in H nicht explizit auftretende Koordinate nach HELMHOLTZ[1]) eine *zyklische* Variable (oder Koordinate).

Aus dem Vorstehenden folgt ein bedeutungsvoller Satz: Für den Fall, daß sämtliche q_k zyklisch sind, d. h. die HAMILTON-Funktion nur von den p_k abhängt:

$$H = H(p_1, p_2, \ldots, p_f) \tag{16,3}$$

läßt sich die Integration der HAMILTONschen Gleichungen (15,28/29) sofort vollständig durchführen.

Beweis: Zunächst folgt aus (16,3) nach (16,1/2), daß alle

$$p_k = \alpha_k = \text{const} \tag{16,4}$$

sind. Damit wird nach (15,28):

$$\dot{q}_k = \frac{\partial H}{\partial p_k} = \omega_k\,, \tag{16,5}$$

1) Hermann von HELMHOLTZ, * 1821 in Potsdam, † 1894 in Berlin.

wobei die ω_k ebenfalls zeitunabhängige Größen sind, die das betrachtete System charakterisieren. Aus (16,5) erhält man durch Integration

$$q_k(t) = \omega_k t + \beta_k \,, \tag{16,6}$$

wobei die β_k Integrationskonstanten sind.

Mit (16,4) und (16,6) ist die vollständige Integration der HAMILTONschen Gleichungen geleistet, für den Fall, daß H von der Form (16,3) ist. Man kann daher sagen: Ein mechanisches Bewegungsproblem kann sofort gelöst werden, wenn es gelingt, statt der generalisierten Lagekoordinaten q_k ausschließlich zyklische Koordinaten Q_k einzuführen, so daß H die Form (16,3) annimmt. Wie diese Aufgabe zu erledigen ist, wird im nachstehenden Kapitel gezeigt werden.

2. Eine weitere Erhaltungsgröße ergibt sich aus den kanonischen Bewegungsgleichungen, wenn in H eine generalisierte Impulskoordinate, sagen wir p_l, nicht explizit auftritt. Dann ist nach (15,28):

$$\frac{\partial H}{\partial p_l} = \dot{q}_l = 0 \,, \tag{16,7}$$

woraus

$$q_l = \text{const} \tag{16,8}$$

folgt. Man kann (16,7/8) als die zu (16,1/2) „kanonisch konjugierte" Aussage ansehen, der jedoch im Rahmen der HAMILTONschen Mechanik (oder wie man auch sagt, des HAMILTONschen Formalismus) keine besondere Rolle zukommt.

3. Zu einer anderen Erhaltungsaussage gelangt man, indem man von der totalen Zeitableitung von H ausgeht. Diese ist

$$\frac{dH}{dt} = \sum_k \left\{ \frac{\partial H}{\partial p_k} \dot{p}_k + \frac{\partial H}{\partial q_k} \dot{q}_k \right\} + \frac{\partial H}{\partial t} \,. \tag{16,9}$$

Unter Beachtung der kanonischen Gleichungen wird daraus

$$\frac{dH}{dt} = \sum_k \{\dot{q}_k \dot{p}_k - \dot{p}_k \dot{q}_k\} + \frac{\partial H}{\partial t} \,, \tag{16,10}$$

also

$$\frac{dH}{dt} = \frac{\partial H}{\partial t} \,. \tag{16,11}$$

Hieraus ist zu ersehen, daß

$$H = E \tag{16,12}$$

eine Erhaltungsgröße ist, sofern H nicht explizit von der Zeit t abhängt. Man nennt (16,12) das *Energieintegral*, weil dieser Ausdruck bei konservativen Systemen dessen Gesamtenergie darstellt. Um diese Behauptung nachzuweisen, erinnern wir daran, daß die kinetische Energie T eines mechanischen Systems in beliebigen Koordinaten q_k eines ruhenden Bezugssystems ausgedrückt, eine homogene Funktion T_2 zweiten Grades in den $\dot{q}_k$ ist, also

$$T_2 = \sum_j \sum_l a_{jl}(q_k)\, \dot{q}_j\, \dot{q}_l \,. \tag{16,13}$$

Ist das Bezugssystem bewegt, so können in dem Ausdruck für T auch noch Glieder auftreten, in denen die $\dot{q}_k$ linear oder gar nicht eingehen. Bezeichnet man diese mit

$$T_1 = \sum_j b_j(q_k)\, \dot{q}_j \tag{16,14}$$

bzw. mit

$$T_0 = \sum_j c_j(q_k)\,, \tag{16,15}$$

so hat im allgemeinen die kinetische Energie die Form

$$T(\dot{q}_k, q_k) = T_2 + T_1 + T_0\,. \tag{16,16}$$

Nun gilt für eine homogene Funktion T_n n-ten Grades in den $\dot{q}_k$ nach Euler die Beziehung

$$\sum_k \frac{\partial T_n}{\partial \dot{q}_k}\, \dot{q}_k = n\, T_n\,. \tag{16,17}$$

Wendet man dies auf (16,16) an, so erhält man

$$\sum_k \frac{\partial T}{\partial \dot{q}_k}\, \dot{q}_k = 2\, T_2 + T_1\,. \tag{16,18}$$

Setzen wir nun weiterhin voraus, daß ein Potential

$$V = V(q_k, t) \tag{16,19}$$

existiert, so ist nach (10,30):

$$T(\dot{q}_k, q_k, t) = L(\dot{q}_k, q_k, t) + V(q_k, t) \tag{16,20}$$

und daher unter Beachtung von (15,2):

$$\frac{\partial T}{\partial \dot{q}_k} = \frac{\partial L}{\partial \dot{q}_k} = p_k\,. \tag{16,21}$$

Somit wird aus (16,18):

$$\sum_k p_k\, \dot{q}_k = 2\, T_2 + T_1\,. \tag{16,22}$$

Nun ist andererseits die Hamilton-Funktion p. def.

$$H = \sum_k p_k\, \dot{q}_k - L\,. \tag{16,23}$$

Setzt man hierin (16,22) und (16,20) ein, so erhält man

(16,24) $$H = 2\,T_2 + T_1 - T + V$$

und dies wird unter Beachtung von (16,16):

(16,25) $$H = T_2 - T_0 + V\,.$$

Hat man ein ruhendes Bezugssystem, so ist

(16,26) $$T_1 = T_0 = 0\,,$$

d. h. nach (16,16):

(16,27) $$T_2 = T\,.$$

Setzt man noch überdies voraus, daß das Potential V nur ortsabhängig ist,

(16,28) $$V = V\,(q_k)\,,$$

so wird in Verbindung mit den vorstehenden Gleichungen aus (16,25):

(16,29) $$H = T\,(\dot{q}_k, q_k) + V\,(q_k)\,.$$

Die rechte Seite dieser Gleichung ist, wie die Klassische Mechanik nachweist, eine Konstante E, die als Gesamtenergie des Systems bezeichnet wird. Es ist daher unter den verlangten Voraussetzungen (ruhendes Koordinatensystem und Existenz eines zeit*un*abhängigen Potentials V) die HAMILTON-Funktion

(16,30) $$H = E = T + V$$

zeitunabhängig und gleich der Gesamtenergie E des betrachteten mechanischen Systems.

Wir bemerken noch, daß bei Verwendung bewegter Koordinatensysteme (in welchem Fall $T_0 \neq 0$ oder/und $T_1 \neq 0$ ist) die HAMILTON-Funktion H auch explizit zeitunabhängig sein kann, d. h. daß nach (16,11) für

(16,31) $$H = \text{const}$$

folgt. Dann ist zwar H ebenfalls eine Erhaltungsgröße, jedoch wird sie im allgemeinen nicht mehr die Bedeutung der Gesamtenergie E des betrachteten mechanischen Systems besitzen.

Ein *Beispiel* für das Auftreten zyklischer Koordinaten findet man bei der Behandlung der Bewegung eines symmetrischen Kreisels. Als solchen bezeichnet man — vgl. Beispiel in Kapitel 13 — einen in einem Punkt festgehaltenen rotierenden Körper, der bezüglich seiner Massenverteilung eine Symmetrieachse besitzt. Wählt man diese als die z-Achse eines (im Kreisel verankerten = körperfesten) Systems, so ist der symmetrische Kreisel dadurch gekennzeichnet, daß — bei Verwendung der Bezeichnungsweise nach EULER, Kapitel 13 — zwischen den Hauptträgheitsmomenten A, B, C die Beziehung

$$(16{,}32) \qquad A = B \neq C$$

besteht. Damit wird nach (13,36) die kinetische Energie des Kreisels

$$(16{,}33) \qquad T = \frac{1}{2} \{A\,(p^2 + q^2) + C\,r^2\}\,.$$

Drückt man nun hierin die Komponenten p, q, r der Winkelgeschwindigkeit durch die EULERschen Winkel φ, ψ, ϑ und die ihnen entsprechenden („wahren") Geschwindigkeiten $\dot\varphi, \dot\psi, \dot\vartheta$ aus, so gelten die Beziehungen (13,42—44). Mit ihnen wird aus (16,33):

$$(16{,}34) \qquad T = \frac{1}{2} \{\, A\,[(\dot\varphi \sin\psi \sin\vartheta + \dot\vartheta \cos\psi)^2 + (\dot\varphi \cos\psi \sin\vartheta - \dot\vartheta \sin\psi)^2] + C\,(\dot\varphi \cos\vartheta + \dot\psi)^2 \,\}$$

$$(16{,}35) \qquad = \frac{1}{2} \{A\,(\dot\varphi^2 \sin^2\vartheta + \dot\vartheta^2) + C\,(\dot\varphi \cos\vartheta + \dot\psi)^2\,\}\,.$$

Nehmen wir der Einfachheit halber an, daß es sich um die Bewegung eines kräftefreien Kreisels handelt, dann kann das Potential $V = 0$ gesetzt werden, und es wird daher die LAGRANGE-Funktion

$$(16{,}36) \qquad L = T - V = T\,(\dot\varphi, \dot\psi, \dot\vartheta, \varphi, \psi, \vartheta)\,.$$

Hieraus erhält man für die zu φ, ψ, ϑ kanonisch konjugierten Impulse

$$(16{,}37) \qquad p_\varphi = \frac{\partial T}{\partial \dot\varphi} = A\,\dot\varphi \sin^2\vartheta + C\,(\dot\varphi \cos\vartheta + \dot\psi) \cos\vartheta$$

$$(16{,}38) \qquad p_\psi = \frac{\partial T}{\partial \dot\psi} = C\,(\dot\varphi \cos\vartheta + \dot\psi)$$

$$(16{,}39) \qquad p_\vartheta = \frac{\partial T}{\partial \dot\vartheta} = A\,\dot\vartheta\,.$$

Um für das hier angegebene Beispiel die HAMILTON-Funktion zu finden, die wegen der vorausgesetzten Kräftefreiheit

$$(16{,}40) \qquad H = E = T$$

lautet, hat man aus (16,36) die Geschwindigkeiten $\dot\varphi, \dot\psi, \dot\vartheta$ durch die Impulse $p_\varphi, p_\psi, p_\vartheta$ auszudrücken und dann mit den gefundenen Ausdrücken in (16,40) einzugehen. Nach Ausführung der entsprechenden Rechnungen — die wir hier nicht im einzelnen durchführen, weil sie elementar sind — erhält man für die HAMILTON-Funktion des kräftefreien Kreisels

$$(16{,}41) \qquad H\,(\vartheta, p_\varphi, p_\psi, p_\vartheta) = \frac{1}{2\,A}\left[p_\vartheta + \left(\frac{p_\varphi - p_\varphi \cos\vartheta}{\sin\vartheta}\right)^2\right] + \frac{p_\psi^2}{2\,C}\,.$$

Aus diesem Ausdruck ist ersichtlich, daß in H die EULERschen Winkel φ und ψ nicht vorkommen, d. h. sie sind zyklische Variable. Es sind daher nach den vorstehenden Ausführungen die generalisierten Impulse

(16,42) $$p_\varphi = p_\varphi^{(0)} = \text{const}$$

(16,43) $$p_\psi = p_\psi^{(0)} = \text{const}\,.$$

Mit Hilfe dieser beiden Gleichungen läßt sich in Verbindung mit dem Drehimpulserhaltungssatz die Bewegung eines kräftefreien Kreisels vollständig beschreiben. Dies wird in der „Kreiseltheorie" gezeigt, auf die u. a. in [5] näher eingegangen wird.

17. Die Kanonische Transformation

Im vorstehenden Kapitel wurde gezeigt, daß sich die vollständige Lösung der HAMILTONschen Gleichungen (15, 28/29) sofort angeben läßt, wenn alle q_k zyklische Koordinaten sind. Dies wird jedoch im allgemeinen nicht der Fall sein, und es kann die Integration der Bewegungsgleichungen unter Umständen Schwierigkeiten bereiten. Um diese zu verringern, liegt es daher nahe, von den p_k, q_k zu neuen Variablen P_k, Q_k von solcher Eigenschaft überzugehen, daß dadurch die HAMILTON-Funktion

(17,1) $$H = H(p_k, q_k, t) \rightarrow H^* = H^*(P_k, t)$$

übergeführt wird. Es sind dann alle Q_k zyklische Variable und daher nach den Darlegungen in Kapitel 16 die neuen Impulse P_k von der Zeit unabhängige Größen. Allerdings ist dies dann und nur dann der Fall, wenn durch den Übergang von den ursprünglichen Variablen $p_k, q_k \rightarrow P_k, Q_k$ die Form der HAMILTONschen Gleichungen (15, 28/29) nicht zerstört wird, weil anderenfalls der in Kapitel 16 eingeführte Begriff der zyklischen Variablen keinen Sinn mehr hat. Es müssen also die neuen Variablen P_k, Q_k die wesentliche Bedingung erfüllen, daß auch

(17,2) $$\frac{\partial H^*}{\partial P_k} = \dot{Q}_k$$

(17,3) $$-\frac{\partial H^*}{\partial Q_k} = \dot{P}_k$$

gilt.

Einen solchen Zusammenhang zwischen den p_k, q_k und den P_k, Q_k, der die Gültigkeit von (17,2/3) garantiert, nennt man eine *Kanonische Transformation.*

Wenn zwischen den p_k, q_k und den P_k, Q_k die Verknüpfungsgleichungen

(17,4) $$p_k = p_k(P_k)$$

(17,5) $$q_k = q_k(Q_k)$$

bestehen, (die speziell als Punkttransformation bezeichnet werden), so kann man (17,1) nicht erreichen. Vielmehr muß man eine weitergehende Transformation verwenden, bei der jede alte Variable von allen neuen Variablen P_k, Q_k und vielleicht auch von der Zeit t abhängt. Diese Transformation ist daher von der Form

$$p_k = p_k(P_1, \ldots, P_f, Q_1, \ldots, Q_f, t) = p_k(P_k, Q_k, t) \tag{17,6}$$

$$q_k = q_k(P_1, \ldots, P_f, Q_1, \ldots, Q_f, t) = q_k(P_k, Q_k, t). \tag{17,7}$$

Es wird wohl kein Mißverständnis zur Folge haben, wenn wir gemäß der früher getroffenen Vereinbarung die Abhängigkeit von allen neuen Variablen, so wie vorstehend rechtsseitig angegeben, mit (P_k, Q_k) abkürzen.

Um die gesuchte Transformation zu finden, kann man davon ausgehen, daß — wie in Kapitel 15 gezeigt — sich die kanonischen Bewegungsgleichungen aus dem HAMILTONschen Prinzip

$$\delta \int_{t_1}^{t_2} L\,dt = \delta \int_{t_1}^{t_2} \{ \sum_k p_k \dot{q}_k - H(p_k, q_k, t) \}\,dt = 0 \tag{17,8}$$

herleiten lassen. Da nun die Transformation (17,6/7) zu (17,2/3) führen soll, muß neben (17,8) auch

$$\delta \int_{t_1}^{t_2} \{ \sum_k P_k \dot{Q}_k - H^*(P_k, Q_k, t) \}\,dt = 0 \tag{17,9}$$

gelten. Aus den beiden letzten Gleichungen folgt

$$\delta \int_{t_1}^{t_2} \{ \sum_k p_k \dot{q}_k - H(p_k, q_k, t) \}\,dt \tag{17,10}$$

$$= \delta \int_{t_1}^{t_2} \{ \sum_k P_k \dot{Q}_k - H^*(P_k, Q_k, t) \}\,dt = 0.$$

Diese Gleichung wird sicher durch die Transformation

$$p_k = P_k \tag{17,11}$$

$$q_k = Q_k \tag{17,12}$$

erfüllt, die jedoch uninteressant ist, weil sie die Identität zwischen den alten und neuen Variablen ausdrückt.

Zu etwas Neuem gelangt man aber, wenn man beachtet, daß (17,10) auch dann erfüllt ist, wenn sich die beiden Integranden um die totale zeitliche Ableitung einer beliebigen Funktion

$$F = F(p_k, q_k, P_k, Q_k, t) \tag{17,13}$$

unterscheiden, d. h. wenn

$$\sum_k p_k \dot{q}_k - H = \sum_k P_k \dot{Q}_k - H^* + \frac{dF}{dt} \tag{17,14}$$

ist.

Man sieht dies ein, indem man zunächst die letzte Gleichung zwischen den Zeiten t_1 und t_2 integriert. Dies liefert

$$\int_{t_1}^{t_2} \{ \sum_k p_k \dot{q}_k - H \} \, dt = \int_{t_1}^{t_2} \{ \sum_k P_k \dot{Q}_k - H^* \} \, dt + F \Big|_{t_1}^{t_2} . \tag{17,15}$$

Variiert man nun im Sinne von HAMILTON, d. h. bei festgehaltenen t_1 und t_2, so verschwindet das letzte Glied und man erhält (17,10).

Nach (17,13) hängt die Funktion in beliebiger Weise von den $4f$ ursprünglichen und neuen Variablen und von der Zeit t ab. Andererseits bestehen die $2f$ Verknüpfungsgleichungen (17,6/7) zwischen den p_k, q_k und P_k, Q_k, so daß von allen Variablen nur $2f$ unabhängig sind. Es läßt sich daher F stets als Funktion von $2f$ der alten und neuen Koordinaten und der Zeit ausdrücken.

Wir wählen zunächst

$$F = F(q_k, Q_k, t) . \tag{17,16}$$

Geht man damit in (17,14) ein, so wird daraus

$$\sum_k p_k \dot{q}_k - H = \sum_k P_k \dot{Q}_k - H^* + \sum_k \frac{\partial F}{\partial q_k} \dot{q}_k + \sum_k \frac{\partial F}{\partial Q_k} \dot{Q}_k + \frac{\partial F}{\partial t} \tag{17,17}$$

oder

$$\sum_k \left(p_k - \frac{\partial F}{\partial q_k}\right) \dot{q}_k - \sum_k \left(P_k + \frac{\partial F}{\partial Q_k}\right) \dot{Q}_k + \left(H^* - H - \frac{\partial F}{\partial t}\right) = 0 . \tag{17,18}$$

Da die q_k und Q_k voneinander unabhängig sind, folgt aus der letzten Gleichung

$$p_k = p_k(q_k, Q_k, t) = \frac{\partial F}{\partial q_k} \tag{17,19}$$

$$P_k = P_k(q_k, Q_k, t) = - \frac{\partial F}{\partial Q_k} \tag{17,20}$$

$$H^* = H + \frac{\partial F}{\partial t} . \tag{17,21}$$

Diese Gleichungen besagen folgendes: Wählt man eine beliebige Funktion F gemäß (17,16), so findet man die neuen Impulse P_k durch Ableitung nach der Vorschrift (17,20). Aus dieser Gleichung lassen sich in Verbindung mit (17,19) die Transformationsgleichungen (17,6/7) finden. Durch diese geht die ursprüngliche HAMILTON-Funktion H in H^* über, die ebenso wie H die kanonischen Gleichungen (17,2/3) erfüllt.

Weil P_k und p_k nach (17,19—20) durch die beliebige Funktion F bestimmt werden, nennt man F die *Erzeugende* der kanonischen Transformation (17,6/7).

Beispiel: Wir beschränken uns auf $f = 1$ Freiheitsgrad und wählen für die Erzeugende etwa

(17,22) $$F(q, Q, t) = q\,Q\,t\,.$$

Dann liefern (17,19—21):

(17,23) $$p = \frac{\partial F}{\partial q} = Q\,t$$

(17,24) $$-P = \frac{\partial F}{\partial Q} = q\,t$$

(17,25) $$H^* = H + \frac{\partial F}{\partial t} = H + q\,Q.$$

Hieraus erhält man als Transformationsgleichungen

(17,26) $$p = Q\,t, \quad q = -\frac{P}{t}$$

oder nach den neuen Variablen aufgelöst,

(17,27) $$P = -q\,t, \quad Q = \frac{p}{t}$$

und für die HAMILTON-Funktion

(17,28) $$H = H^* - q\,Q = H^* + \frac{PQ}{t}$$

bzw.

(17,29) $$H^* = H - \frac{PQ}{t} = H + \frac{pq}{t}\,.$$

Um zu zeigen, daß (17,26/27) tatsächlich eine Kanonische Transformation ist, muß nachgewiesen werden, daß H^* die kanonischen Gleichungen (17,2/3) erfüllt. Geht man etwa von

(17,30) $$\frac{\partial H}{\partial p} = \dot{q}$$

aus, so wird nach (17,26):

(17,31) $$\dot{q} = -\frac{d}{dt}\left(\frac{P}{t}\right) = \frac{P}{t^2} - \frac{1}{t}\dot{P}\,.$$

Weiter hat man mit (17,28):

(17,32) $$\frac{\partial H}{\partial p} = \frac{\partial H^*}{\partial P}\frac{\partial P}{\partial p} + \frac{\partial H^*}{\partial Q}\frac{\partial Q}{\partial p} + \frac{Q}{t}\frac{\partial P}{\partial p} + \frac{P}{t}\frac{\partial Q}{\partial p}\,.$$

Dieser Ausdruck vereinfacht sich, weil nach (17,27):

$$\frac{\partial P}{\partial p} = 0, \quad \frac{\partial Q}{\partial p} = \frac{1}{t} \tag{17,33}$$

ist, womit aus (17,32):

$$\frac{\partial H}{\partial p} = \frac{1}{t}\frac{\partial H^*}{\partial Q} + \frac{P}{t^2} \tag{17,34}$$

wird. Setzt man diesen Ausdruck und (17,31) in die kanonische Gleichung (17,30) ein, so geht diese in

$$\frac{\partial H^*}{\partial Q} = -\dot{P} \tag{17,35}$$

über.

In analoger Weise findet man, daß die Transformation (17,26) die Gleichung

$$\frac{\partial H}{\partial q} = -\dot{p} \tag{17,36}$$

in

$$\frac{\partial H^*}{\partial P} = \dot{Q} \tag{17,37}$$

überführt. —

Da die Erzeugende F Funktion je eines Satzes der alten und der neuen Variablen ist, gibt es außer dem bereits behandelten Fall noch drei weitere Möglichkeiten, die wir nachstehend angeben.

Wählt man

$$F = F(q_k, P_k, t), \tag{17,38}$$

so erhält man auf dem gleichen Weg, der von (17,16) zu (17,19—21) führt, als Analogon zu diesen Gleichungen

$$p_k = p_k(q_k, P_k, t) = \frac{\partial F}{\partial q_k} \tag{17,39}$$

$$Q_k = Q_k(q_k, P_k, t) = \frac{\partial F}{\partial P_k} \tag{17,40}$$

$$H^* = H + \frac{\partial F}{\partial t}. \tag{17,41}$$

Für den Fall, daß

$$F = F(Q_k, p_k, t) \tag{17,42}$$

ist, findet man

(17,43) $$P_k = P_k(Q_k, p_k, t) = -\frac{\partial F}{\partial Q_k}$$

(17,44) $$q_k = q_k(Q_k, p_k, t) = -\frac{\partial F}{\partial p_k}$$

(17,45) $$H^* = H + \frac{\partial F}{\partial t}\,.$$

Wählt man schließlich

(17,46) $$F = F(p_k, P_k, t)\,,$$

so wird

(17,47) $$q_k = q_k(p_k, P_k, t) = -\frac{\partial F}{\partial p_k}$$

(17,48) $$Q_k = Q_k(p_k, P_k, t) = \frac{\partial F}{\partial P_k}$$

(17,49) $$H^* = H + \frac{\partial F}{\partial t}\,.$$

Es gibt spezielle Kanonische Transformationen, die sich für die Anwendungen als besonders bedeutungsvoll erwiesen haben. Wir können hierauf jedoch nicht näher eingehen, weil dies den Rahmen dieser Schrift überschreiten würde.

18. Die Hamilton-Jacobische Differentialgleichung

Im vorstehenden Kapitel wurde gezeigt, daß und wie man von den ursprünglich kanonisch konjugierten Variablen p_k, q_k zu neuen Variablen P_k, Q_k übergehen kann, in denen die HAMILTONschen Gleichungen ebenfalls gelten.

Es entsteht nun die Frage, ob es spezielle Kanonische Transformationen gibt, durch die die HAMILTONschen Gleichungen in eine besonders leicht integrierbare Form gebracht werden können. Das ist sicher der Fall, wenn die neuen Koordinaten Q_k ausnahmslos zyklischen Charakter haben, d. h. wenn H^* die Form

(18,1) $$H^* = H^*(P_1, P_2, \ldots, P_f, t)$$

besitzt. Dann ist, wie bereits in Kapitel 16 gezeigt,

(18,2) $$-\frac{\partial H^*}{\partial Q_k} = \dot{P}_k = 0$$

(18,3) $$\frac{\partial H^*}{\partial P_k} = \dot{Q}_k = \omega_k\,,$$

wobei die ω_k Konstanten sind. Aus (18,2/3) folgt

$$P_k = \alpha_k = \text{const} \tag{18,4}$$

$$Q_k = \omega_k t + \beta_k . \tag{18,5}$$

Am einfachsten werden aber offensichtlich die Verhältnisse, wenn man eine kanonische Transformation findet, die

$$H = H(p_k, q_k, t) \tag{18,6}$$

in

$$H^* = H^*(P_k, Q_k, t) \equiv 0 \tag{18,7}$$

überführt. Dann lauten die Bewegungsgleichungen

$$\frac{\partial H^*}{\partial P_k} = \dot{Q}_k = 0 \tag{18,8}$$

$$-\frac{\partial H^*}{\partial Q_k} = \dot{P}_k = 0 . \tag{18,9}$$

Diese Gleichungen lassen sich sofort integrieren und liefern

$$P_k = \text{const} \tag{18,10}$$

$$Q_k = \text{const}, \tag{18,11}$$

d. h. Erhaltungsgrößen.

Wir wollen jene spezielle Erzeugende, die H in

$$H^* = 0 \tag{18,12}$$

überführt, mit W bezeichnen und sie die *Wirkungsfunktion* nennen.

Es ist zweckmäßig — aber nicht unbedingt notwendig — die Wirkungsfunktion W als von den q_k und P_k abhängig anzunehmen:

$$W = W(q_k, P_k, t) . \tag{18,13}$$

Dies entspricht (17,38). Es gilt daher, gemäß (17,39) und (17,41) mit $F = W$:

$$p_k = \frac{\partial W}{\partial q_k} \tag{18,14}$$

$$H^* = H(q_k, p_k, t) + \frac{\partial W}{\partial t} . \tag{18,15}$$

Da die Wirkungsfunktion W die Forderung (18,12) erfüllen soll, muß (18,15) verschwinden, also

$$H^* = H(q_k, p_k, t) + \frac{\partial W}{\partial t} = 0 \tag{18,16}$$

sein. Um H in den gleichen Variablen auszudrücken, von denen W abhängt, muß man in (18,16) die p_k durch (18,14) ausdrücken. Dies führt zu

$$H\left(q_k, \frac{\partial W}{\partial q_k}, t\right) + \frac{\partial W}{\partial t} = 0 . \tag{18,17}$$

Diese Gleichung nennt man die HAMILTON-JACOBI*sche Differentialgleichung*. Da die p_k im allgemeinen in H als quadratische Glieder auftreten, ist (18,17) eine im allgemeinen nichtlineare partielle Differentialgleichung 1. Ordnung für die Wirkungsfunktion W.

Das eingangs gestellte Problem, durch eine geeignete Kanonische Transformation die HAMILTONschen Gleichungen auf eine sofort zu integrierende Form zu bringen, ist somit auf die Lösung der Differentialgleichung (18,17) zurückgeführt. Da sie von den $f + 1$ Variablen q_k und t abhängt, ist ein Vollständiges Integral[1]) von (18,17) ein Ausdruck, der $f + 1$ unabhängige Integrationskonstanten enthalten muß. Sie mögen etwa mit $\alpha_1, \alpha_2, \ldots, \alpha_{f+1}$ bezeichnet werden. Weil nun aber in der HAMILTON-JACOBIschen Gleichung die Wirkungsfunktion W nicht explizit auftritt, sondern nur ihre partiellen Ableitungen nach q_k bzw. t eingehen, ist mit W auch $W + \alpha$ eine Lösung von (18,17). Dabei ist α eine von den $f + 1$ Konstanten, die in dem Vollständigen Integral von (18,17) auftreten. Identifiziert man α etwa mit α_{f+1}, so hat diese Konstante additiven Charakter. Im Gegensatz hierzu sind die restlichen f Konstanten α_k nichtadditive — oder wie man auch sagt: wesentliche oder nichttriviale — Konstanten.

Es kann daher gesagt werden: ein Vollständiges Integral von (18,17) hat die Form

$$W = W(q_k, t, \alpha_k) , \tag{18,18}$$

mit f nichttrivialen Konstanten α_k.

Da die hier speziell betrachtete Erzeugende, die Wirkungsfunktion W, von der Form (18,13) ist, in der die P_k nach (18,10) Konstanten sind, kann man die in (18,18) auftretenden α_k als die neuen Impulse P_k ansehen, also

$$P_k = \alpha_k = \text{const} \tag{18,19}$$

setzen. Nach (17,39/40) folgt dann aus (18,18) für die ursprünglichen Impulse

$$p_k = \frac{\partial W}{\partial q_k} \tag{18,20}$$

[1]) Zur Erinnerung sei bemerkt, daß man als Vollständiges Integral einer partiellen Differentialgleichung erster Ordnung nach LAGRANGE einen Ausdruck bezeichnet, der die Differentialgleichung erfüllt und n beliebige Konstanten enthält, wobei n die Anzahl der unabhängigen in der Differentialgleichung auftretenden Variablen ist.

und für die neuen konstanten Koordinaten

$$Q_k = \frac{\partial W}{\partial P_k} = \frac{\partial W}{\partial \alpha_k} = \beta_k = \text{const}\,, \tag{18,21}$$

also nach (18,18)

$$Q_k = Q_k(q_k, t, \alpha_k) = \beta_k\,. \tag{18,22}$$

Löst man diese Gleichung nach den q_k auf, so erhält man

$$q_k = q_k(t, \alpha_k, \beta_k)\,. \tag{18,23}$$

Damit hat man die Koordinaten als Funktion der Zeit ausgedrückt, d. h. die Lösung des zu behandelnden Problems gefunden. Die darin auftretenden $2f$ Konstanten α_k und β_k ergeben sich aus den Anfangsbedingungen der zu lösenden Bewegungsaufgabe.

Das Aufsuchen eines Vollständigen Integrals von (18,17) ist eine im allgemeinen schwierige Aufgabe. In manchen Fällen gestaltet sie sich jedoch einfacher als die direkte Lösung der Hamiltonschen Gleichungen.

Wir betrachten den Sonderfall eines konservativen Systems. Dann existiert ein Potential V und die Gesamtenergie E des Systems ist

$$E = T + V = H\,. \tag{18,24}$$

In diesem Fall geht daher die Hamilton-Jacobische Gleichung in

$$H\left(\frac{\partial W}{\partial q_k}, q_k\right) + \frac{\partial W}{\partial t} = E + \frac{\partial W}{\partial t} = 0 \tag{18,25}$$

über. Da (18,24) nach den Ausführungen in Kapitel 16 nur dann gilt, wenn H nicht explizit von t abhängt, sagt die linke Seite der letzten Gleichung aus, daß die Wirkungsfunktion W eine in t lineare Funktion sein muß. Diese ergibt sich aus dem mittleren Teil von (18,25) zu

$$W \sim -E\,t\,. \tag{18,26}$$

Somit kann man beim Vorliegen eines konservativen Systems für die Wirkungsfunktion

$$W(q_k, P_k, t) = S(q_k, P_k) - E\,t \tag{18,27}$$

schreiben. Man nennt S die *verkürzte* Wirkungsfunktion.

Geht man mit (18,27) in (18,25) ein, so erhält man

$$H\left(\frac{\partial S}{\partial q_k}, q_k\right) = E\,. \tag{18,28}$$

Dies ist die sog. verkürzte Hamilton-Jacobische Differentialgleichung für S.

Ein Vollständiges Integral dieser Gleichung muß die in ihr auftretende Konstante E als wesentliche Konstante enthalten. Es muß also S die Form

$$S = S(q_k, E, \ldots.) \tag{18,29}$$

haben. Da nun aber nach (18,27) die Wirkungsfunktion

$$W(q_k, P_k, t) = W(q_k, \alpha_k, t) = -E\,t + S(q_k, \alpha_k) \tag{18,30}$$

nur f nichttriviale Konstanten enthalten kann, besteht entweder zwischen E und den α_k eine Verknüpfungsgleichung, d. h. es ist

$$E = E(\alpha_1, \alpha_2, \ldots, \alpha_f) \tag{18,31}$$

oder E ist selbst mit einer der f nichttrivialen Konstanten, z. B. mit α_1 zu identifizieren, also $E = \alpha_1$.

Nehmen wir dies an, so lautet (18,30) in den Konstanten α_k ausführlich geschrieben

$$W(q_k, \alpha_k, t) = -E\,t + S(q_k, \alpha_1, \alpha_2, \ldots, \alpha_f) \tag{18,32}$$

$$= -\alpha_1\,t + S(q_k, \alpha_1, \alpha_2, \ldots, \alpha_f)\,. \tag{18,33}$$

Damit ist nach (18,21)

für $k = 1$, $(\alpha_1 = E)$

$$\frac{\partial W}{\partial \alpha_1} = \frac{\partial W}{\partial E} = -t + \frac{\partial S}{\partial E} = \beta_1 \tag{18,34}$$

oder

$$\frac{\partial S}{\partial E} = f(q_k, \alpha_k) = t + \beta_1 \tag{18,35}$$

und für $k > 1$

$$\frac{\partial W}{\partial \alpha_k} = \frac{\partial S}{\partial \alpha_k} = \varphi_k(q_k, \alpha_k) = \beta_k\,. \tag{18,36}$$

Aus (18,35) ersieht man, daß β_1 die Dimension einer Zeit haben muß. Setzt man $\beta_1 = -t_0$, so geht (18,35) in

$$\frac{\partial S}{\partial E} = f(q_k, \alpha_k) = t - t_0 \tag{18,37}$$

über.

Die f Gleichungen (18,36/37) — aus denen sich die gesuchten $q_k(t)$ durch Auflösung ergeben — drücken formelmäßig den Inhalt eines Satzes aus, der als *Theorem von* JACOBI bezeichnet wird.

Dieses Theorem hat JACOBI in seinen klassischen „Vorlesungen über Dynamik" ausgesprochen und bewiesen. Wir geben es in der Originalfassung wieder, in der lediglich die seiner Zeit gebräuchliche Symbolik der hier verwendeten angepaßt ist. JACOBI schreibt[1]):

„Es sei

$$\frac{\partial W}{\partial t} + H = 0 \tag{18,38}$$

eine beliebige partielle Differentialgleichung 1. Ordnung, welche W nicht enthält, so daß H irgendeine Funktion der Größen $t, q_1, \ldots, q_f; p_1 \ldots, p_f$ ist, wo ferner

$$p_k = \frac{\partial W}{\partial q_k}. \tag{18,39}$$

Man kenne eine vollständige Lösung W der partiellen Differentialgleichung (18,38), d. h. eine Lösung, welche (außer der mit W durch Addition verbundenen) noch f willkürliche Konstanten $\alpha_1, \ldots, \alpha_f$ enthält. Setzt man nun

$$\frac{\partial W}{\partial \alpha_k} = \beta_k , \tag{18,40}$$

wo $\beta_1, \ldots, \beta_f$ f neue willkürliche Konstanten bedeuten, so sind diese Gleichungen (18,40), verbunden mit den Gleichungen

$$\frac{\partial W}{\partial q_k} = p_k , \tag{18,41}$$

die Integrale des Systems von Differentialgleichungen

$$\frac{dq_k}{dt} = \dot{q}_k = \frac{\partial W}{\partial p_k} \tag{18,42}$$

$$-\frac{dp_k}{dt} = -\dot{p}_k = \frac{\partial W}{\partial q_k}, \tag{18,43}$$

wo k die Werte $1, 2, \ldots, f$ annimmt."

Da (18,42/43) die HAMILTONschen Gleichungen sind, sagt das JACOBIsche Theorem aus: Um die Lösung eines mechanischen Problems im Rahmen der HAMILTON-Mechanik zu finden, hat man nach JACOBI von (18,38) auszugehen und in dieser Gleichung die p_k nach (18,41) auszudrücken.

Dies ergibt

$$H\left(q_k, \frac{\partial W}{\partial q_k}, t\right) + \frac{\partial W}{\partial t} = 0, \tag{18,44}$$

und das ist die HAMILTON-JACOBIsche Differentialgleichung. Kennt man ein Vollständiges Integral

$$W = W(q_k(t), \alpha_k, t), \tag{18,45}$$

[1]) Zitiert nach [12], (S. 259).

von ihr, so gewinnt man daraus nach JACOBI die Lösung der kanonischen Bewegungsgleichungen (18,42/43) mit Hilfe von (18,40/41), d. h. allein durch Differentiation der Wirkungsfunktion W.

Für den Fall, daß das System aus nur einem Massenpunkt m besteht, der sich in einem konservativen Kraftfeld bewegt, ist

$$H = E = T + V \tag{18,46}$$

$$= \frac{m}{2} v^2 + V \tag{18,47}$$

$$= \frac{1}{2\,m} \mathfrak{p}^2 + V \tag{18,48}$$

$$= \frac{1}{2\,m} (p_x^2 + p_y^2 + p_z^2) + V\,. \tag{18,49}$$

Hieraus ergibt sich als HAMILTON-JACOBIsche Gleichung, wenn man gemäß (18,20) unter Berücksichtigung von (18,27) für

$$p_x = \frac{\partial S}{\partial x} \tag{18,50}$$

usw. setzt,

$$\left(\frac{\partial S}{\partial x}\right)^2 + \left(\frac{\partial S}{\partial y}\right)^2 + \left(\frac{\partial S}{\partial z}\right)^2 = 2\,m\,[E - V(\mathfrak{r})]\,. \tag{18,51}$$

Für den Sonderfall, daß m nur $f = 1$ Freiheitsgrad hat, geht diese partielle Differentialgleichung mit der generalisierten Koordinate q in die gewöhnliche Differentialgleichung

$$\left(\frac{d S}{d q}\right)^2 = 2\,m\,[E - V(q)] \tag{18,52}$$

über, die sich durch bloße Quadratur lösen läßt. Es ergibt sich

$$S(E, q) = \int_{q_0}^{q} \sqrt{2\,m\,[E - V(q)]}\,dq\,. \tag{18,53}$$

Die Lösung des mechanischen Problems findet man hieraus nach (18,37), indem man den Ausdruck

$$\frac{\partial S}{\partial E} = f(q, E) = \sqrt{\frac{m}{2}} \int_{q_0}^{q} \frac{dq}{\sqrt{E - V(q)}} = t - t_0 \tag{18,54}$$

nach q auflöst.

Abschließend bemerken wir, daß es manchmal möglich ist, die verkürzte HAMILTON-JACOBIsche Differentialgleichung (18,28) durch den Separationsansatz

$$S(q_k) = S_1(q_1) + S_2(q_2) + \dots \tag{18,55}$$

zu lösen. Ein allgemeines Kriterium, in welchen Fällen dies gelingt, ist nicht bekannt. Immerhin weiß man auf Grund einer Untersuchung von Stäckel, daß die Separierung mittels (18,55) stets dann gelingt, wenn in der Hamilton-Jacobischen Differentialgleichung nur reine Quadrate von $\partial S/\partial q_k$ und nicht gemischte Produkte dieser Größen auftreten.

19. Die Poisson-Klammer

Es sei

(19,1) $$F = F(q_k, p_k, t)$$

eine Funktion der angegebenen Variablen. Dann ist ihre zeitliche Ableitung

(19,2) $$\frac{dF}{dt} = \frac{\partial F}{\partial t} + \sum_k \left(\frac{\partial F}{\partial q_k}\dot{q}_k + \frac{\partial F}{\partial p_k}\dot{p}_k\right).$$

Unter Beachtung der Hamiltonschen Gleichungen (15,28/29) wird daraus

(19,3) $$\frac{dF}{dt} = \frac{\partial F}{\partial t} + \sum_k \left(\frac{\partial H}{\partial p_k}\frac{\partial F}{\partial q_k} - \frac{\partial H}{\partial q_k}\frac{\partial F}{\partial p_k}\right).$$

Hierfür schreibt man

(19,4) $$\frac{dF}{dt} = \frac{\partial F}{\partial t} + [H, F]$$

und nennt

(19,5) $$[H, F] = -[F, H] = \sum_k \left(\frac{\partial H}{\partial p_k}\frac{\partial F}{\partial q_k} - \frac{\partial H}{\partial q_k}\frac{\partial F}{\partial p_k}\right)$$

das Poissonsche Klammersymbol oder kurz Poisson-*Klammer*.

Weil sich die Poisson-Klammer zur Darstellung der Gesetzmäßigkeiten der Mechanik als geeignet erwiesen hat, wollen wir die wichtigsten ihrer Eigenschaften hier angeben.

Enthält eine einen mechanischen Ablauf beschreibende Größe f die Zeit t nicht explizit:

(19,6) $$f = f(q_k, p_k)$$

so ist

(19,7) $$\frac{\partial f}{\partial t} = 0$$

und daher

(19,8) $$\frac{df}{dt} = [H, f].$$

Hieraus ersieht man, daß die Poisson-Klammer die totale zeitliche Ableitung einer nicht explizit von der Zeit abhängigen Funktion darstellt.

Damit ergibt sich die Möglichkeit, die Aussage, daß eine Größe

$$G = G(p_k, q_k) = G_0 \tag{19,9}$$

eine Erhaltungsgröße ist, d. h.

$$\frac{dG}{dt} = 0 \tag{19,10}$$

gilt, mit Hilfe des Poissonschen Klammersymbols auszudrücken. Unter Beachtung von (19,8) läßt sich nämlich die letzte Gleichung in der Form

$$[H, G] = 0 \tag{19,11}$$

schreiben.

Es gilt auch die Umkehrung: Gelangt man im Verlauf einer Rechnung zu der Beziehung (19,11), so kann man auf (19,9) schließen, sofern G nicht explizit zeitabhängig ist.

Als *Beispiel* erwähnen wir die für ein konservatives System gültige Energieerhaltungsaussage

$$\frac{dE}{dt} = 0, \tag{19,12}$$

für die nach (16,30) auch

$$\frac{dH}{dt} = 0 \tag{19,13}$$

geschrieben werden kann. Dies läßt sich mit Hilfe der Poisson-Klammer durch

$$[H, E] = [H, H] = 0 \tag{19,14}$$

ausdrücken.

Auch die kanonischen Gleichungen (15,28/29) können mit Verwendung der Poisson-Klammer in neuer Form dargestellt werden. Sie ergeben sich, indem man in (19,8) die Funktion $f = q_k$ bzw. p_k setzt. Das liefert

$$\dot{q}_k = [H, q_k] \tag{19,15}$$

$$\dot{p}_k = [H, p_k]\,. \tag{19,16}$$

Das gleiche Ergebnis erhält man auch aus der Definitionsgleichung (19,5), indem man in ihr $F = q_k$ bzw. p_k setzt. —

Man kann den eingangs erklärten Begriff der Poisson-Klammer auf zwei beliebige Funktionen verallgemeinern, indem man die Hamilton-Funktion H durch eine beliebige Funktion

$$f = f(q_k, p_k, t) \tag{19,17}$$

ersetzt. Bezeichnet man die andere Funktion mit

(19,18) $$g = g\,(q_k, p_k, t),$$

so definiert man als POISSON-Klammer von f und g den Ausdruck

(19,19) $$[f, g] = -[g, f] = \sum_k \left(\frac{\partial f}{\partial p_k} \frac{\partial g}{\partial q_k} - \frac{\partial f}{\partial q_k} \frac{\partial g}{\partial p_k} \right).$$

Hieraus ergibt sich eine bemerkenswerte Eigenschaft der zueinander kanonisch konjugierten Variablen p_k und q_k. Setzt man in (19,19) für

(19,20) $$f = p_k, \quad g = q_k,$$

so erhält man

(19,21) $$[p_k, q_k] = 1.$$

Setzt man dagegen

(19,22) $$f = p_i, \quad g = q_k, \quad i \neq k,$$

so ergibt sich

(19,23) $$[p_i, q_k] = 0.$$

Die beiden Gleichungen (19,21) und (19,23) lassen sich in

(19,24) $$[p_i, q_k] = \delta_{ik}$$

zusammenfassen, wobei δ_{ik} das KRONECKER-Symbol ist.

Setzt man in (19,19):

(19,25) $$f = g = q_k,$$

so wird

(19,26) $$[q_k, q_k] = 0\,.$$

Ebenso findet man

(19,27) $$[p_k, p_k] = 0.$$

Manchmal benutzt man die vorstehend angegebenen Ausdrücke zur Definition zweier kanonisch konjugierter Variablen p_k und q_k, indem man festlegt, daß p_k und q_k dann zueinander kanonisch konjugiert sind, wenn sie die durch die POISSON-Klammern ausgedrückten Gleichungen (19,24) und (19,26/27) erfüllen. —

Wir geben noch eine wichtige Eigenschaft der POISSON-Klammern an, deren formelmäßiger Ausdruck als JACOBI*sche Identität* bezeichnet wird. Sie lautet

(19,28) $$[[f, g], h] + [[g, h], f] + [[h, f], g] = 0\,.$$

Der Beweis hierfür ergibt sich, indem man die einzelnen Klammersymbole gemäß ihrer Definition ausschreibt. Dies ist etwas langwierig, jedoch nicht schwierig. Wir wollen daher die Rechnung nicht durchführen.

Wir erwähnen dieses Theorem, weil es für den Beweis eines anderen Satzes benötigt wird, der in der Integrationstheorie der Kanonischen Gleichungen von Wichtigkeit ist. Dieser Satz geht ebenfalls auf JACOBI zurück und lautet:

Sind für alle Zeiten t:

(19,29) $$F_1\,(q_k, p_k, t) = c_1 = \text{const}$$

und

(19,30) $$F_2\,(q_k, p_k, t) = c_2 = \text{const}\,,$$

d. h. Konstanten der Bewegung, so ist auch

(19,31) $$[F_1, F_2] = c_3 = \text{const}$$

eine Konstante der Bewegung.

Der Beweis ergibt sich wie folgt: Nach (19,4) ist

(19,32) $$\frac{dF_1}{dt} = \frac{\partial F_1}{\partial t} + [H, F_1] = 0$$

(19,33) $$\frac{dF_2}{dt} = \frac{\partial F_2}{\partial t} + [H, F_2] = 0\,.$$

Weiter gilt nach der JACOBIschen Identität (19,28), wenn darin $f = F_1$, $g = F_2$ und $h = H$ gesetzt wird,

(19,34) $$[[F_1, F_2], H] + [[F_2\, H], F_1] + [[H, F_1]\, F_2] = 0.$$

Kombiniert man dies mit (19,32/33), so erhält man

(19,35) $$[[F_1, F_2], H] + \left[\frac{\partial F_2}{\partial t}, F_1\right] - \left[\frac{\partial F_1}{\partial t}, F_2\right] = 0\,.$$

Dafür kann man aber, weil nach (19,5) definitionsgemäß

(19,36) $$[H, F] = -\,[F, H]$$

ist, auch

(19,37) $$[H, [F_1, F_2]] + \left[F_1, \frac{\partial F_2}{\partial t}\right] + \left[\frac{\partial F_1}{\partial t}, F_2\right] = 0$$

oder

(19,38) $$[H, [F_1, F_2]] + \frac{\partial}{\partial t}[F_1, F_2] = 0$$

schreiben. Nach (19,4) ist dies mit

$$\frac{d[F_1, F_2]}{dt} = 0 \tag{19,39}$$

oder

$$[F_1 F_2] = F_3 = c_3 = \text{const} \tag{19,40}$$

gleichwertig und dies besagt eben, wie oben behauptet, daß (19,31) eine Erhaltungsgröße F_3 ist.

Als *Beispiel* für das Rechnen mit Poisson-Klammern behandeln wir den Drehimpulssatz. Damit bezeichnet man die Aussage, daß der Drehimpuls $\mathfrak{S}$[1]) eines Systems eine Erhaltungsgröße ist, wenn das resultierende Drehmoment $\mathfrak{D}$ der auf das System wirkenden Kräfte verschwindet. Der wohl einfachste Fall hierfür ist ein einzelner Massenpunkt m, der sich unter der Einwirkung einer kugelsymmetrischen Zentralkraft bewegt.

In diesem Fall durchläuft — wie die Punktmechanik lehrt — m eine Bahn, die in einer Ebene liegt. Wählt man diese als die xy-Ebene eines cartesischen Koordinatensystems, so ist der Drehimpuls p. def.

$$\mathfrak{S} = \mathfrak{r} \times m\,\dot{\mathfrak{r}}, \tag{19,41}$$

wobei

$$\mathfrak{r} = \{x, y, 0\} \tag{19,42}$$

der Ortsvektor von m in bezug auf 0 und

$$\dot{\mathfrak{r}} = \mathfrak{v} = \{\dot{x}, \dot{y}, 0\} \tag{19,43}$$

die Geschwindigkeit des Massenpunktes ist. Mit den beiden letzten Gleichungen erhält man aus (19,41) für den Drehimpuls

$$\mathfrak{S} = m\,(x\dot{y} - y\dot{x})\,\mathfrak{k}, \tag{19,44}$$

wobei $\mathfrak{k}$ ein Einheitsvektor ist, der senkrecht auf der Ebene steht, in der sich m bewegt („z-Achse").

Aus (19,44) ist zunächst ersichtlich, daß sich die Richtung des Drehimpulsvektors $\mathfrak{S}$ nicht ändert, sondern stets parallel zur Richtung der z-Achse des hier verwendeten Koordinatensystems ist.

Wir fragen nach der zeitlichen Änderung des Betrages $J = |\mathfrak{S}|$ des Drehimpulses. Sie ist nach den vorstehenden Ausführungen durch die Poisson-Klammer (19,8):

$$[H, J] = \frac{\partial H}{\partial p_1}\frac{\partial J}{\partial q_1} + \frac{\partial H}{\partial p_2}\frac{\partial J}{\partial q_2} - \frac{\partial H}{\partial q_1}\frac{\partial J}{\partial p_1} - \frac{\partial H}{\partial q_2}\frac{\partial J}{\partial p_2} \tag{19,45}$$

gegeben. Hierin ist, weil eingangs vereinbart wurde, daß cartesische Koordinaten $x, y, (z = 0)$ verwendet werden sollen, für

$$q_1 = x \qquad q_2 = y \tag{19,46}$$

[1]) s. Fußnote auf S. 74.

zu setzen. Die hierzu gehörenden Komponenten p_1, p_2 des Impulses $\mathfrak{P}$ erhält man p. def nach (15,2) aus der LAGRANGE-Funktion, die im vorliegenden Fall

$$L = T - V = \frac{m}{2}(\dot{x}^2 + \dot{y}^2) - V(x, y) \tag{19,47}$$

lautet. Damit wird

$$p_1 = m\dot{x} = P_x \tag{19,48a}$$

$$p_2 = m\dot{y} = P_y\,, \tag{19,48b}$$

womit aus (19,44):

$$J = |\mathfrak{J}| = (x\,P_y - y\,P_x) \tag{19,49}$$

$$= (q_1\,p_2 - q_2\,p_1) \tag{19,50}$$

folgt.

Geht man damit in (19,45) ein, so erhält man

$$[H, J] = P_y\frac{\partial H}{\partial P_x} - P_x\frac{\partial H}{\partial P_y} + y\frac{\partial H}{\partial x} - x\frac{\partial H}{\partial y}\,. \tag{19,51}$$

Wir haben nun die HAMILTON-Funktion H des betrachteten Beispieles zu bestimmen, um die in der letzten Gleichung auftretenden Ableitungen von H bilden zu können. Da eine kugelsymmetrische Zentralkraft, unter der sich voraussetzungsgemäß m bewegen soll, ein Potential V besitzt, gilt der Energiesatz

$$E = T + V = \frac{m}{2}(\dot{x}^2 + \dot{y}^2) + V(x, y) = H. \tag{19,52}$$

Hieraus erhält man H, indem die Geschwindigkeit

$$\mathfrak{v} = \{\dot{x}, \dot{y}, 0\} \tag{19,53}$$

durch den Impuls (19,47/48) ausgedrückt wird. Dies ergibt

$$\mathfrak{v} = \frac{\mathfrak{P}}{m} = \left\{\dot{x} = \frac{P_x}{m}, \dot{y} = \frac{P_y}{m}, 0\right\}. \tag{19,54}$$

Geht man damit in (19,52) ein, so ergibt sich für

$$H = T + V = \frac{1}{2\,m}(P_x^2 + P_y^2) + V(x, y)\,. \tag{19,55}$$

Damit wird aus (19,51):

$$[H, J] = y\frac{\partial V}{\partial x} - x\frac{\partial V}{\partial y}\,. \tag{19,56}$$

Nun ist V bei der oben getroffenen Wahl des Koordinatensystems von der Form

$$V(x, y) = V\left(\sqrt{x^2 + y^2}\right) = V(r), \tag{19,57}$$

wobei $r = |\mathfrak{r}|$ den Abstand von m von 0 bedeutet. Bei Einführung ebener Polarkoordinaten r und φ bestehen zwischen diesen und den Koordinaten x, y von m die bekannten Beziehungen

$$x = r \cos \varphi \tag{19,58}$$

$$y = r \sin \varphi . \tag{19,59}$$

Es gilt daher für die in (19,56) auftretenden Ableitungen

$$\frac{\partial V}{\partial x} = \frac{\partial V(r)}{\partial r} \frac{\partial r}{\partial x} = \frac{x}{r} \frac{\partial V}{\partial r} \tag{19,60}$$

$$\frac{\partial V}{\partial y} = \frac{\partial V(r)}{\partial r} \frac{\partial r}{\partial y} = \frac{y}{r} \frac{\partial V}{\partial r} . \tag{19,61}$$

Setzt man dies in (19,56) ein, so erhält man

$$[H, J] = 0 . \tag{19,62}$$

Hieraus folgt aus (19,8), daß

$$J = |\mathfrak{J}| = J_0 \tag{19,63}$$

eine Konstante ist. In Verbindung mit der schon früher festgestellten Tatsache der Konstanz der Richtung von $\mathfrak{J}$, kann statt (19,63) auch

$$\mathfrak{J} = \mathfrak{J}_0 \tag{19,64}$$

geschrieben werden. Dies ist der Drehimpulssatz.

20. Erhaltungssätze und Invarianzeigenschaften

Bei der Begründung der Klassischen Mechanik, d. h. durch die Postulierung der Bewegungsgleichung (1,1) durch NEWTON, ging dieser von der Vorstellung aus, daß kein Punkt des Raumes vor einem beliebigen anderen Punkt bzw. keine Richtung vor einer anderen möglichen Richtung ausgezeichnet ist. Dies bezeichnen wir heute schlagwortartig dadurch, daß man sagt, der Raum ist *homogen* und *isotrop*.

Ferner sagt NEWTON[1]:

„Die absolute, wahre und mathematische Zeit verfließt an sich und vermöge ihrer Natur gleichförmig und ohne Beziehung auf einen äußeren Gegenstand ..."

Diese Bemerkung über die Zeit besagt, daß auch sie homogen ist, d. h. daß kein Zeitpunkt vor einem anderen ausgezeichnet ist. Man kann daher nach Belieben jeden Zeitpunkt als Zeitnullpunkt wählen. Nun ist zur Beschreibung von physikalischen Vorgängen die Verwendung eines Bezugssystems und die Einführung einer Zeitskala unerläßlich.

[1] Zitiert nach SOMMERFELD, A.: *Vorlesungen über Theoretische Physik*, Bd. I. Leipzig: Akademische Verlagsgesellschaft 1964.

Hat man einmal das Bezugssystem und die Zeitskala festgelegt, so wird damit der Ursprung des Bezugssystems gegenüber allen anderen Raumpunkten ausgezeichnet, wie auch die Richtungen der Achsen des Koordinatensystems gegenüber allen anderen möglichen Richtungen. Ebenso wird der Zeitpunkt $t = 0$ gegenüber allen anderen Punkten der Zeitskala hervorgehoben.

Diese Auszeichnung ist jedoch nur scheinbar, weil eben wegen der genannten Eigenschaften von Raum und Zeit die Naturgesetze so beschaffen sein müssen, daß sie unabhängig von der Wahl des Bezugssystems und der Zeitskala sind.

Wir wollen dies etwas anders ausdrücken und erinnern hierzu an folgende Begriffe: Verschiebt man den Ursprung eines Koordinatensystems ohne die Richtung von dessen Achsen zu ändern, so nennt man dies eine (Raum-)*Translation*. In Analogie hierzu spricht man von einer *Zeittranslation*, wenn man auf der Zeitachse jeden Zeitpunkt t durch $t' = t + \tau$ ersetzt, wobei τ ein fester Zeitwert ist. Geht man von einem Bezugssystem zu einem neuen über, dessen Achsen nicht die gleiche Richtung wie die ursprünglichen haben, so spricht man von einer *Drehung* oder *Rotation* des Bezugssystems.

Mit diesen Begriffen kann man die Aussage im vorstehenden Absatz auch so formulieren: Die Naturgesetze müssen gegenüber einer Raum- und Zeittranslation sowie gegenüber einer Drehung *forminvariant* sein, d. h. sie müssen in den neuen Raum-Zeit-Koordinaten dieselbe Form haben wie in den ursprünglich gewählten Koordinaten. Insbesondere bedeutet dies für die Mechanik — weil *eine* Formulierung der Bewegungsgleichungen durch die Kanonischen Gleichungen gegeben ist — daß diese Forderung auch die HAMILTON-Funktion H erfüllen muß.

Es ist nun sehr bemerkenswert, daß die genannten Invarianzeigenschaften Erhaltungsaussagen zur Folge haben.

Wir beschränken uns darauf, dies für zwei Fälle nachzuweisen und betrachten hierzu ein abgeschlossenes System, dessen HAMILTON-Funktion

$$H = H(q_k, p_k, t) \tag{20,1}$$

ist, deren Argumente

$$q_k = q_k(t), \quad p_k = p_k(t) \tag{20,2}$$

Funktionen der Zeit t sind.

1. Verschiebt man den Zeitnullpunkt um die konstante Zeit dt, so geht t in $t + dt$ über. Die Invarianz von H gegenüber dieser Zeittranslation verlangt, daß

$$\begin{aligned} &H[q_k(t + dt), p_k(t + dt), t + dt] \\ &= H[q_k(t), p_k(t), t] \end{aligned} \tag{20,3}$$

ist. Entwickelt man die linke Seite dieser Gleichung, so erhält man

$$H[q_k(t), p_k(t), t] + \sum \left(\frac{\partial H}{\partial q_k} \dot{q}_k + \frac{\partial H}{\partial p_k} \dot{p}_k\right) dt + \frac{\partial H}{\partial t} dt = H[q_k(t), p_k(t), t] \tag{20,4}$$

oder

$$\sum \left(\frac{\partial H}{\partial q_k} \dot{q}_k + \frac{\partial H}{\partial p_k} \dot{p}_k\right) + \frac{\partial H}{\partial t} = \frac{dH}{dt} = 0\,. \tag{20,5}$$

In diesem Ausdruck verschwindet die Summe wegen (15,28/29). Hieraus folgt, daß H nicht explizit von der Zeit abhängen darf, d. h. daß

$$H = E \tag{20,6}$$

eine Erhaltungsgröße ist. Die Invarianz von H gegenüber einer Zeittranslation hat also den Energiesatz zur Folge.

2. Wir untersuchen nun, welche Erhaltungsgröße die Invarianz gegenüber einer Raumtranslation mit sich bringt. Eine solche liegt dann vor, wenn man ein ursprünglich gewähltes Bezugssystem ohne Änderung der Achsenrichtungen, d. h. als Ganzes starr verschiebt, so daß der anfängliche Ursprung 0 in den neuen Raumpunkt 0′ übergeht. Hat dieser in bezug auf 0 den Ortsvektor $d\mathfrak{r}$, so geht der Ortsvektor $\mathfrak{r}_k$ eines jeden Massenpunktes m_k in

$$\mathfrak{r}_k \to \mathfrak{r}_k + d\mathfrak{r} \tag{20,7}$$

über, während die Impulse $\mathfrak{p}_k$ nicht geändert werden. Die Invarianz von H gegenüber der Translation (20,7) verlangt, daß

$$H(\mathfrak{r}_k + d\mathfrak{r}, \mathfrak{p}_k, t) = H(\mathfrak{r}_k, \mathfrak{p}_k, t). \tag{20,8}$$

Entwickelt man wiederum die linke Seite der letzten Gleichung, so erhält man

$$H(\mathfrak{r}_k, \mathfrak{p}_k, t) + \sum_k \operatorname{grad}_k H \cdot d\mathfrak{r} = H(\mathfrak{r}_k, \mathfrak{p}_k, t)^{1)} \tag{20,9}$$

oder

$$d\mathfrak{r} \cdot \sum_k \operatorname{grad}_k H = 0\,. \tag{20,10}$$

[1]) Wobei [s. (5,40)] $\operatorname{grad}_k = \mathfrak{i}\frac{\partial}{\partial x_k} + \mathfrak{j}\frac{\partial}{\partial y_k} + \mathfrak{k}\frac{\partial}{\partial z_k}$ bedeutet.

Hieraus folgt, weil durch $d\mathfrak{r}$ eine beliebige Translation beschrieben wird, daß die Summe verschwinden muß. Unter Beachtung von (15,29) gilt daher

$$-\sum_k \dot{\mathfrak{p}}_k = -\frac{d}{dt}\sum_k \mathfrak{p}_k \tag{20,11}$$

$$= -\frac{d}{dt}\mathfrak{P} = 0\,, \tag{20,12}$$

wobei $\mathfrak{P}$ den Gesamtimpuls des betrachteten Systems bedeutet. Es ergibt sich daher aus der Invarianz von H gegenüber der Translation $d\mathfrak{r}$ der Impulserhaltungssatz

$$\mathfrak{P} = \mathfrak{P}_0 = \text{konst}\,. \tag{20,13}$$

Auf genau die gleiche Weise, wie sie vorstehend dargelegt wurde, findet man, daß die Invarianzforderung gegenüber einer Drehung des Bezugssystems die Erhaltung des Drehimpulses zur Folge hat.

Wir bemerken abschließend, daß die Hamilton-Funktion nicht nur gegenüber den vorstehend genannten, sondern auch allgemeineren, manchmal sogar unanschaulichen Transformationen (wie sie z. B. in der Physik der Elementarteilchen[1]) auftreten) invariant sein muß. Hieraus ergeben sich weitere Erhaltungsaussagen. So folgt etwa aus der Gleichwertigkeit aller Inertialsysteme die Invarianz von H gegenüber der Galilei-Transformation. Die hierzu gehörige Erhaltungsaussage ist der Schwerpunktsatz.

21. Die Routhschen Gleichungen

In Kapitel 15 wurde gezeigt, wie man die f Lagrangeschen Gleichungen

$$\frac{d}{dt}\frac{\partial L}{\partial \dot{q}_k} - \frac{\partial L}{\partial q_k} = 0 \tag{21,1}$$

in die $2f$ Hamiltonschen Gleichungen

$$\frac{\partial H}{\partial p_k} = \dot{q}_k\,, \qquad \frac{\partial H}{\partial q_k} = -\dot{p}_k \tag{21,2}$$

überführen kann.

Welches von diesen Gleichungssystemen man zur Bestimmung der Bewegung eines Punktsystems verwendet, ist grundsätzlich gleichgültig, weil die Gleichungen (21,1) mit (21,2) gleichwertig sind. Man wird daher bei der Wahl zwischen (21,1) und (21,2) allein nach Zweckmäßigkeitsgründen entscheiden.

[1]) Vgl. hierzu etwa Sakurai, J.: *Invariance Principles and Elementary Particles.* Princeton, New York: Princeton University Press 1964.

Es hat sich nun gezeigt, daß es in manchen Fällen von Vorteil ist, wenn man die Bewegungsgleichungen in „gemischter Form" wählt.

Eine solche Aufspaltung in $f-h$ Gleichungen vom „LAGRANGEschen Typ" und h Gleichungen vom „HAMILTONschen Typ" stammt von ROUTH[1]), weswegen man die entsprechenden „gemischten" Bewegungsgleichungen die *ROUTHschen Gleichungen* nennt.

Um sie aufzustellen, gehen wir von einem Gegenstück zu der LAGRANGE- bzw. der HAMILTON-Funktion aus, die als *ROUTHsche Funktion R* bezeichnet wird. Sie hängt von den $2(f-h)$ „LAGRANGEschen Variablen"

$$q_1, q_2, \ldots, q_{f-h}, \quad \dot{q}_1, \dot{q}_2, \ldots, \dot{q}_{f-h}, \tag{21,3}$$

den $2h$ Variablen des HAMILTONschen Formalismus

$$q_{f-h+1}, q_{f-h+2}, \ldots, q_f, \quad p_{f-h+1}, p_{f-h+2}, \ldots, p_f \tag{21,4}$$

und der Zeit t ab. Es ist also

$$R = R(q_k, \dot{q}_1, \dot{q}_2, \ldots, \dot{q}_{f-h}, p_{f-h+1}, \ldots, p_f, t), \tag{21,5}$$

wobei q_k an Stelle aller f generalisierten Koordinaten $q_1, q_2, \ldots, q_f$ steht.

Als ROUTHsche Funktion wird der Ausdruck

$$R = H(q_k, p_k, t) - \sum_{k=1}^{f-h} p_k \dot{q}_k \tag{21,6}$$

definiert. Setzt man hierin die HAMILTON-Funktion gemäß (15,24) ein, so wird

$$R = \sum_{k=1}^{f} p_k \dot{q}_k - L(q_k, \dot{q}_k, t) - \sum_{k=1}^{f-h} p_k \dot{q}_k \tag{21,7}$$

$$= \sum_{k=f-h+1}^{f} p_k \dot{q}_k - L(q_k, \dot{q}_k, t). \tag{21,8}$$

Aus (21,8) ist zu ersehen, daß für

$$h = f: \quad R = H \tag{21,9}$$

ist, d. h. daß für diesen Fall die ROUTHsche Funktion mit der HAMILTON-Funktion übereinstimmt, während aus (21,7) folgt, daß für

$$h = 0: \quad R = -L, \tag{21,10}$$

d. h. daß die ROUTHsche Funktion bis auf das Vorzeichen die LAGRANGE-Funktion ist. Man kann daher, bildlich gesprochen, R als eine „zwischen L und H stehende" Funktion ansehen.

[1]) Edward John ROUTH: * 1831 in Quebec, † 1907 in Cambridge.

Die ROUTHschen Gleichungen erhält man nun aus R ebenso, wie in Kapitel 15 aus H die HAMILTONschen Gleichungen gewonnen wurden. Hierzu bilden wir zunächst das vollständige Differential von (21,5). Dies ergibt

$$(21,11)\quad dR = \sum_{k=1}^{f} \frac{\partial R}{\partial q_k} dq_k + \sum_{k=1}^{f-h} \frac{\partial R}{\partial \dot q_k} d\dot q_k + \sum_{k=f-h+1}^{f} \frac{\partial R}{\partial p_k} dp_k + \frac{\partial R}{\partial t} dt .$$

Andererseits folgt aus (21,8):

$$(21,12)\qquad dR = \sum_{k=f-h+1}^{f} \dot q_k \, dp_k + \sum_{k=f-h+1}^{f} p_k \, d\dot q_k - dL .$$

Nun ist

$$(21,13)\qquad L = L(q_k, \dot q_k, t) , \quad k = 1, 2, \ldots, f ,$$

also

$$(21,14)\quad dL = \sum_{k=1}^{f} \frac{\partial L}{\partial q_k} dq_k + \sum_{k=1}^{f} \frac{\partial L}{\partial \dot q_k} d\dot q_k + \frac{\partial L}{\partial t} dt = \sum_{k=1}^{f} \frac{\partial L}{\partial q_k} dq_k + \frac{\partial L}{\partial t} dt$$

$$(21,15)\qquad + \sum_{k=1}^{f-h} \frac{\partial L}{\partial \dot q_k} d\dot q_k + \sum_{k=f-h+1}^{f} \frac{\partial L}{\partial \dot q_k} d\dot q_k .$$

Dies läßt sich in eine andere Form bringen, wenn man beachtet, daß

$$(21,16)\qquad \frac{\partial L}{\partial \dot q_k} = p_k$$

ist, woraus sich für

$$(21,17)\qquad \frac{\partial L}{\partial q_k} = \frac{d}{dt} \frac{\partial L}{\partial \dot q_k} = \dot p_k$$

ergibt. Geht man mit den beiden letzten Gleichungen in (21,15) ein, so erhält man

$$(21,18)\quad dL = \sum_{k=1}^{f} \dot p_k \, dq_k + \frac{\partial L}{\partial t} dt + \sum_{k=1}^{f-h} p_k \, d\dot q_k + \sum_{k=f-h+1}^{f} p_k \, d\dot q_k .$$

Setzt man dieses schließlich in (21,12) ein, so ergibt sich

$$(21,19)\quad dR = \sum_{k=f-h+1}^{f} \dot q_k \, dp_k - \sum_{k=1}^{f} \dot p_k \, dq_k - \sum_{k=1}^{f-h} p_k \, d\dot q_k - \frac{\partial L}{\partial t} dt .$$

Vergleicht man dies mit (21,11), so erhält man zunächst bei expliziter Zeitabhängigkeit von R,

$$(21,20)\qquad \frac{\partial R}{\partial t} = - \frac{\partial L}{\partial t} .$$

Weiterhin erhält man für $k = 1, 2, \ldots, f - h$ die $2(f - h)$ Gleichungen

$$(21{,}21) \qquad -\frac{\partial R}{\partial \dot{q}_k} = p_k\,, \qquad k = 1, 2, \ldots, f - h$$

$$(21{,}22) \qquad -\frac{\partial R}{\partial q_k} = \dot{p}_k\,,$$

und für $k = f - h + 1, f - h + 2, \ldots, f$ die $2h$ Gleichungen

$$(21{,}23) \qquad \frac{\partial R}{\partial p_k} = \dot{q}_k\,, \qquad k = f - h + 1, \ldots, f\,.$$

$$(21{,}24) \qquad -\frac{\partial R}{\partial q_k} = \dot{p}_k\,,$$

Vergleicht man das System (21,23/24) mit (21,2), so erkennt man, daß es vom Typ der Hamiltonschen Gleichungen mit $H = R$ ist. Weiterhin erweist sich, daß das System (21,21/22) vom Typ der Lagrangeschen Gleichungen ist. Man sieht dies ein, indem man beachtet, daß nach (21,5) für $k = 1, 2, \ldots, f - h$ die generalisierten Impulse *nicht* Unabhängige sind, sondern durch (21,16) zu ersetzen sind. Dies liefert

$$(21{,}25) \qquad -\frac{\partial R}{\partial \dot{q}_k} = \frac{\partial L}{\partial \dot{q}_k}\,, \qquad k = 1, 2, \ldots, f - h\,.$$

$$(21{,}26) \qquad -\frac{\partial R}{\partial q_k} = \frac{d}{dt}\frac{\partial L}{\partial \dot{q}_k}\,,$$

Für die letzte Gleichung kann auf Grund von (21,17) auch

$$(21{,}27) \qquad -\frac{\partial R}{\partial q_k} = \frac{\partial L}{\partial q_k}$$

geschrieben werden. Differenziert man (21,25) nach t, so erhält man in Verbindung mit (21,26) die $f - h$ Gleichungen (21,1), w. z. b. w.

Die Anwendung der Routhschen Gleichungen erweist sich als besonders zweckmäßig, wenn es sich um die Beschreibung von Systemen mit zyklischen Variablen (Kapitel 16) handelt.

22. Die Gleichungen von Gibbs-Appell

In Kapitel 7 wurden die Bewegungsgleichungen für einen Massenpunkt m, der Nebenbedingungen unterworfen ist, aus dem Gaussschen Prinzip des kleinsten Zwanges hergeleitet. Nach diesem ist die tatsächlich ablaufende Bewegung von m, verglichen mit allen anderen denkbaren

Bewegungen dadurch ausgezeichnet, daß für sie der auf m ausgeübte Zwang

(22,1) $$Z = \sum_{i=1}^{3} m \left(\ddot{x}_i - \frac{K_i}{m}\right)^2$$

ein Minimum, d. h.

(22,2) $$\delta Z = 0$$

ist. Dabei ist die Variation bei festen Lagekoordinaten, $\delta x_i = 0$, und festen Geschwindigkeitskomponenten, $\delta \dot{x}_i = 0$, vorzunehmen. Die Variation bezieht sich daher allein auf die Beschleunigungskomponenten $\ddot{x}_i$. Daher liefert (22,1/2):

(22,3) $$\delta Z = \sum_{i=1}^{3} (m \ddot{x}_i - K_i)\, \delta \ddot{x}_i = 0\,.$$

Liegt ein aus n Massenpunkten bestehendes System vor, so gilt in Verallgemeinerung von (22,3) als Ausdruck des GAUSSschen Prinzips für das Punktsystem

(22,4) $$\delta Z = \sum_{i=1}^{3n} (m_i \ddot{x}_i - K_i)\, \delta \ddot{x}_i = 0\,.$$

Wir wollen nun annehmen, daß das Punktsystem r Nebenbedingungen unterworfen ist. Dann hat es $f = 3n - r$ Freiheitsgrade. Führen wir daher f generalisierte Koordinaten q_k ein, so besteht zwischen ihnen und den $3n$ kartesischen Koordinaten x_i ein Zusammenhang. Wir schreiben ihn in der differentiellen Form

(22,5) $$dx_i = \sum_{k=1}^{f} a_{ik}\, dq_k\,.$$

In (22,5) sind die Koeffizienten a_{ik} im allgemeinen Funktionen der q_k:

(22,6) $$a_{ik} = a_{ik}(q_1, q_2, \ldots, q_f)\,.$$

Aus (22,5) erhält man für die Geschwindigkeitskomponenten

(22,7) $$\dot{x}_i = \sum_{k=1}^{f} a_{ik}\, \dot{q}_k$$

und hieraus durch Differentiation nach der Zeit t für die Beschleunigungskomponenten

(22,8) $$\ddot{x}_i = \sum_{k=1}^{f} q_{ik}\ddot{q}_k + F_i(\dot{q}_k, q_k, t)\,,$$

wobei wir in F_i alle Glieder zusammengefaßt haben, die keine zweiten Ableitungen nach der Zeit t enthalten. Aus (22,8) folgen die sofort zu verwendenden Beziehungen

(22,9) $$\frac{\partial \ddot{x}_i}{\partial \ddot{q}_k} = a_{ik}\,.$$

Bildet man nun von (22,8) die Variation im Sinne des Prinzips von GAUSS, so erhält man

$$\delta \ddot{x}_i = \sum_{k=1}^{f} a_{ik} \, \delta \ddot{q}_k \,, \tag{22,10}$$

oder wegen (22,9)

$$\delta \ddot{x}_i = \sum_{k=1}^{f} \frac{\partial \ddot{x}_i}{\partial \ddot{q}_k} \delta \ddot{q}_k \,. \tag{22,11}$$

Setzt man dies in (22,4) ein, so wird daraus

$$\sum_i \sum_k (m_i \ddot{x}_i - K_i) \frac{\partial \ddot{x}_i}{\partial \ddot{q}_k} \delta \ddot{q}_k = 0 \,. \tag{22,12}$$

Wegen der vorausgesetzten Unabhängigkeit der $\delta \ddot{q}_k$ zerfällt diese Gleichung in die f Gleichungen

$$\sum_{i=1}^{3n} (m_i \ddot{x}_i - K_i) \frac{\partial \ddot{x}_i}{\partial \ddot{q}_k} = 0 \,. \tag{22,13}$$

oder

$$\sum_{i=1}^{3n} K_i \frac{\partial \ddot{x}_i}{\partial \ddot{q}_k} = \sum_{i=1}^{3n} m_i \ddot{x}_i \frac{\partial \ddot{x}_i}{\partial \ddot{q}_k} \,. \tag{22,14}$$

Die linke Seite dieser Gleichung läßt sich als generalisierte Kraftkomponente Q_k deuten. Man erkennt dies, indem man in dem Arbeitselement

$$dA = \sum_{i=1}^{3n} K_i \, dx_i \tag{22,15}$$

die Wegelemente dx_i durch (22,5) ersetzt und (22,9) berücksichtigt. Dies ergibt

$$dA = \sum_i \sum_k K_i \frac{\partial \ddot{x}_i}{\partial \ddot{q}_k} dq_k \tag{22,16}$$

$$= \sum_k Q_k \, dq_k \,, \tag{22,17}$$

wenn für

$$\sum_{i=1}^{3n} K_i \frac{\partial \ddot{x}_i}{\partial \ddot{q}_k} = Q_k \tag{22,18}$$

gesetzt wird.

Damit wird aus (22,14):

$$Q_k = \sum_{i=1}^{3n} m_i \ddot{x}_i \frac{\partial \ddot{x}_i}{\partial \ddot{q}_k} \tag{22,19}$$

$$= \frac{\partial}{\partial \ddot{q}_k} \sum_{i=1}^{3n} \frac{m_i}{2} \ddot{x}_i^2 \,. \tag{22,20}$$

Diese Gleichung sagt aus, daß die generalisierten Kraftkomponenten Q_k gleich den partiellen Ableitungen der Funktion

$$G = \sum_{i=1}^{3n} \frac{m_i}{2} \ddot{x}_i^2 \tag{22,21}$$

nach den generalisierten Beschleunigungskomponenten $\ddot{q}_k$ sind. Man nennt den Ausdruck (22,21) die GIBBS-APPELL*sche Funktion*[1])[2]).

Mit (22,21) ergibt sich

$$Q_k = \frac{\partial G}{\partial \ddot{q}_k}. \tag{22,22}$$

Dies sind die Bewegungsgleichungen in der GIBBS-APPELLschen Form.

23. Die optisch-mechanische Analogie und der Übergang zur Wellenmechanik

In Kapitel 12 wurde gezeigt, daß sich die Bewegungsgleichungen der Mechanik in besonders eleganter Form durch das HAMILTONsche Prinzip

$$\delta \int_{t_1}^{t_2} L\, dt = 0 \tag{23,1}$$

ausdrücken lassen, wobei

$$L = T - V \tag{23,2}$$

die LAGRANGE-Funktion des betrachteten Systems ist. Wir erinnern an die Bedeutung von (23,1): von allen denkbaren („vernünftigen") Bahnen eines mechanischen Systems, die zu den Zeiten t_1 und t_2 zusammenfallen, wird die tatsächlich durchlaufene Bahn durch eben diese Gleichung bestimmt.

Man kann (23,1) in eine andere Form bringen, wenn vorausgesetzt wird, daß sowohl für die wahre als auch für die variierte Bahn die Energieerhaltungsaussage

$$T + V = E \tag{23,3}$$

gilt. Eliminiert man mit diesem Ausdruck aus (23,1/2) die potentielle Energie V, so erhält man (wegen $\delta E = 0$):

$$\delta \int_{t_1}^{t_2} 2\, T\, dt = 0. \tag{23,4}$$

1) Josiah Willard GIBBS: * 1839 in New Haven, † 1903 in New Haven.
2) Paul Emil APPELL: * 1855 in Straßburg, † 1930 in Paris.

Für einen einzelnen Massenpunkt m wird daraus

$$\delta \int_{t_1}^{t_2} m\, v^2\, dt = \delta \int_{t_1}^{t_2} m\, v \frac{ds}{dt}\, dt \tag{23,5}$$

$$= \delta \int_{P_1}^{P_2} m\, v\, ds = 0, \tag{23,6}$$

wobei ds ein Bogenelement der von m durchlaufenen Bahn ist. Die in dem letzten Integral angegebenen Grenzen sind die Raumpunkte P_1 und P_2, in denen sich m zu den Zeiten t_1 und t_2 befindet. Gl. (23,6) nennt man das *Prinzip von* MAUPERTUIS im engeren Sinne (vgl. Kapitel 14).

Dieses in der Mechanik gültige Prinzip hat nun — worauf 1828 HAMILTON als erster hinwies — ein formales Gegenstück zu dem in der Geometrischen Optik gültigen FERMAT*schen Prinzip* (1679). Formelmäßig ausgedrückt lautet dieses

$$\delta \int_{P_1}^{P_2} n\, ds = 0. \tag{23,7}$$

Hierin bedeutet n den Brechungsindex eines Mediums, durch welches Licht hindurchgeht, ds ein Linienelement der Bahn des Lichtstrahls und P_1, P_2 zwei Punkte dieser Bahn.

Ist das Medium optisch homogen, so ist sein Brechungsindex konstant und (23,7) geht dann in

$$\delta \int_{P_1}^{P_2} ds = 0 \tag{23,8}$$

über. In diesem Sonderfall sagt das FERMATsche Prinzip aus, daß der „Lichtweg" zwischen den beiden Punkten P_1 und P_2 eine Raumkurve ist, deren Bogenlänge einen Extremwert hat, verglichen mit allen anderen Raumkurven, die durch P_1 und P_2 gehen. Der Extremwert ist — wie man beweisen kann — ein Minimum, d. h. in einem optisch homogenen Medium sind die Bahnen der Lichtstrahlen Geraden.

Die große Leistungsfähigkeit des FERMATschen Prinzips (23,7) beruht auf der Tatsache, daß es auch für optisch inhomogene Substanzen gilt, für die der Brechungsindex also eine Funktion des Ortes ist:

$$n = n(\mathfrak{r}) = n(x, y, z). \tag{23,9}$$

Die optisch-mechanische Analogie besteht nun darin, daß man auf Grund der formalen Gleichheit des MAUPERTUISschen Prinzips (24,6) mit dem FERMATschen Prinzip (23,7) die in diesen beiden Gleichungen auftretenden Integranden zueinander proportional setzen kann, d. h.

$$n(\mathfrak{r}) \sim m\, v. \tag{23,10}$$

Die rechte Seite dieser Gleichung läßt sich wie folgt umformen. Es ist

$$m\,v = \sqrt{2\,m\,\frac{mv^2}{2}} \tag{23,11}$$

$$= \sqrt{2\,m\,T} \tag{23,12}$$

$$= \sqrt{2\,m\,(E - V)}\,. \tag{23,13}$$

Setzt man dies in (24,10) ein, so wird daraus

$$n\,(\mathfrak{r}) \sim \sqrt{2\,m\,[E - V\,(\mathfrak{r})]}\,. \tag{23,14}$$

Auf Grund dieser Gleichung kann man sagen: Wenn sich ein Massenpunkt in dem Potentialfeld $V\,(\mathfrak{r})$ bewegt, so durchläuft er eine Bahn, die mit derjenigen eines Lichtstrahles übereinstimmt, der ein inhomogenes Medium durchläuft, dessen Brechungsindex n durch (23,14) gegeben ist. Vielfach drückt man dies auch so aus: Jedem Problem der Punktmechanik läßt sich ein analoges Problem der Geometrischen Optik zuordnen. Man kann zu (23,14) auch auf einem anderen Weg gelangen. In der Geometrischen Optik wird gezeigt, daß das FERMATsche Prinzip (23,7) sich aus der Differentialgleichung

$$[\text{grad}\,L\,(\mathfrak{r})]^2 = n^2\,(\mathfrak{r}) \tag{23,15}$$

gewinnen läßt. Sie wird als *Eikonalgleichung* bezeichnet und lautet ausführlich geschrieben

$$\left(\frac{\partial L}{\partial x}\right)^2 + \left(\frac{\partial L}{\partial y}\right)^2 + \left(\frac{\partial L}{\partial z}\right)^2 = n^2\,. \tag{23,16}$$

Hierbei ist

$$L = L\,(\mathfrak{r}) = \text{const} \tag{23,17}$$

die Gleichung einer Fläche konstanter Phase von einer sich wellenförmig ausbreitenden Größe

$$u\,(\mathfrak{r}, t) = \varphi\,(\mathfrak{r})\,e^{-i\,[\omega t - k_0\,L\,(\mathfrak{r})]}. \tag{23,18}$$

In dem vorstehenden Ausdruck bedeuten $i = \sqrt{-1}$, $\varphi\,(\mathfrak{r})$ die Amplitude, ω die Kreisfrequenz der Wellengröße u und k_0 ihre Wellenzahl im Vakuum. Diese ist mit der Wellenzahl k ($= \frac{2\pi}{\lambda}$, λ Wellenlänge von u) in einem Medium mit dem Brechungsindex n durch die Relation

$$k_0 = \frac{\omega}{c} = \frac{\omega}{n\,v} = \frac{k}{n} \tag{23,19}$$

verknüpft, wobei v die Phasengeschwindigkeit von u in dem Medium und c die Lichtgeschwindigkeit im Vakuum ist. Die Funktion $L = L(\mathfrak{r})$ bezeichnet man als *Eikonal.*

Nun gilt andererseits nach (18,51) für einen freien Massenpunkt m in einem konservativen Kraftfeld die verkürzte HAMILTON-JACOBIsche Differentialgleichung

$$\left(\frac{\partial S}{\partial x}\right)^2 + \left(\frac{\partial S}{\partial y}\right)^2 + \left(\frac{\partial S}{\partial z}\right)^2 = 2\,m\,(E-V). \tag{23,20}$$

Diese Gleichung der Klassischen Punktmechanik ist das Analogon zu der Eikonalgleichung (23,16) der Geometrischen Optik und ergibt zwanglos wiederum die Beziehung (23,14).

Man kann außer ihr noch zwei weitere Beziehungen finden, durch die optische und mechanische Größen in Parallele gesetzt werden. So folgt durch Vergleich der linken Seiten von (23,20) und (23,16), daß das Eikonal $L(\mathfrak{r})$ der verkürzten Wirkungsfunktion $S(\mathfrak{r})$ eines Massenpunktes m proportional gesetzt werden kann. Will man auch die Zeit t mit einbeziehen, so hat man von S zur Wirkungsfunktion W überzugehen. Sie hat bei Verwendung cartesischer Koordinaten $\mathfrak{r} = \{x, y, z\}$ nach (18,32) die Form

$$W(\mathfrak{r}, t) = S(\mathfrak{r}) - E\,t. \tag{23,21}$$

Ihr optisches Analogon ist die Phase

$$\Phi(\mathfrak{r}, t) = -\,[\omega\,t - k_0\,L(\mathfrak{r})] \tag{23,22}$$

der Welle (23,18).

Nun gilt nach (18,14):

$$\frac{\partial W}{\partial x} = \frac{\partial S}{\partial x} = p_x, \tag{23,23}$$

d. h.

$$\operatorname{grad} W = \operatorname{grad} S = \mathfrak{p} = m\,\mathfrak{v}. \tag{23,24}$$

Ferner ist

$$\frac{\partial W}{\partial t} = -\,E. \tag{23,25}$$

Andererseits folgt aus (23,22):

$$\frac{\partial \Phi}{\partial t} = -\,\omega \tag{23,26}$$

und

$$\operatorname{grad} \Phi = k_0 \operatorname{grad} L(\mathfrak{r}). \tag{23,27}$$

Unter Beachtung von (23,15) und (23,19) wird daraus

$$\operatorname{grad} \Phi = n\,k_0\,\mathfrak{s}^0 = k\,\mathfrak{s}^0 \tag{23,28}$$

wobei $\mathfrak{s}^0$ ein Einheitsvektor ist, der senkrecht auf der Fläche $L(\mathfrak{r}) =$ const steht. Führt man die Größe

$$\mathfrak{k} = k\,\mathfrak{s}^0 \tag{23,29}$$

ein, die als Wellenvektor bezeichnet wird, so wird aus (23,28):

$$\operatorname{grad}\Phi = \mathfrak{k}\,. \tag{23,30}$$

Die beiden Gleichungen (23,26) und (23,30) stimmen ihrer Form nach mit (23,25) und (23,24) überein. Man kann daher die darin auftretenden Größen zueinander proportional setzen. Bezeichnet man mit $\hbar$ einen Proportionalitätsfaktor, so gelten zwischen den mechanischen und optischen Größen E, $\mathfrak{p}$ und ω, $\mathfrak{k}$ die Verknüpfungsgleichungen

$$E = \hbar\,\omega \tag{23,31}$$

$$\mathfrak{p} = \hbar\,\mathfrak{k}\,. \tag{23,32}$$

Die erste dieser beiden — hier allein durch formalen Vergleich gefundenen — Gleichungen wurde 1900 von PLANCK[1]) im Zusammenhang mit der Begründung des ersten mit der Erfahrung vollständig übereinstimmenden Strahlungsgesetzes in die Physik eingeführt (Beginn der Quantentheorie). Man nennt daher heute die in (23,31) auftretende Größe $\hbar$ die PLANCKsche Konstante[2]). Gl. (23,32) wurde 1905 von EINSTEIN[3]) und 1924 von DE BROGLIE[4]) auf gänzlich verschiedenen Wegen gefunden.

Die beiden letzten Gleichungen gehören zu den Grundlagen der von EINSTEIN aufgestellten „Lichtquantentheorie" und sind von rechts nach links zu lesen, d. h. es wird nach EINSTEIN einer Welle mit der Kreisfrequenz ω und dem Wellenvektor $\mathfrak{k}$ ein Teilchen („Photon") mit der Energie E und dem Impuls $\mathfrak{p}$ zugeordnet. Im Sinne von DE BROGLIE sind dagegen die Gleichungen (23,31/32) von links nach rechts zu lesen, d. h. es wird einem Teilchen (z. B. einem Elektron), das die Energie E und den Impuls $\mathfrak{p}$ hat, eine „Materiewelle" zugeordnet. Ihre Wellenlänge ergibt sich mit (23,32) aus

$$|\mathfrak{k}| = \frac{2\pi}{\lambda} = \frac{|\mathfrak{p}|}{\hbar} = \frac{mv}{\hbar} \tag{23,33}$$

zu

$$\lambda = \frac{2\pi\,\hbar}{mv} = \frac{h}{mv} \tag{23,34}$$

(„DE BROGLIE-Wellenlänge").

1) MAX PLANCK: *1858 in Kiel, †1947 in Göttingen. Nobelpreisträger für Physik des Jahres 1918.

2) Ursprünglich wurde als diese die Größe $h = 2\,\pi\,\hbar$ bezeichnet.

3) ALBERT EINSTEIN: *1879 in Ulm, †1955 in Princeton. Nobelpreisträger für Physik des Jahres 1921.

4) LOUIS DE BROGLIE: *1892 in Dieppe. Nobelpreisträger für Physik des Jahres 1929.

Man wird erwarten, daß sich auch aus den vorstehenden Gleichungen die die optisch-mechanische Analogie ausdrückende Beziehung (23,14) ergibt. Dies ist in der Tat der Fall. Man findet nämlich aus (23,33) in Verbindung mit (23,31/32):

(23,35) $$m v = \hbar |\mathfrak{k}| = \hbar \frac{\omega}{c} n$$

(23,36) $$= \frac{E}{c} n,$$

was mit (23,13):

(23,37) $$n(\mathfrak{r}) = \frac{c}{E} \sqrt{2 m [E - V(\mathfrak{r})]}$$

liefert.

Das ist genau (23,14), wobei sich der dort noch offene Proportionalitätsfaktor zu c/E erweist.

Wenn wir auf den — seit fast $1^1/_2$ Jahrhundert bekannten, aber knapp 100 Jahre unbeachtet gebliebenen — Zusammenhang zwischen der Klassischen Punktmechanik und der Geometrischen Optik hier eingegangen sind, so hat dies seinen Grund darin, weil es gerade die optisch-mechanische Analogie war, mit deren Verwendung 1926 von SCHRÖDINGER[1]) die *Wellenmechanik* begründet wurde. Sie entstand aus dem Bestreben von SCHRÖDINGER, die damals bekannten Quantisierungsvorschriften (nach BOHR[2]) und SOMMERFELD[3])), die „. . . einen so gänzlich fremdartigen und unverstandenen Charakter haben . . .“[4]), durch die andere Forderung zu ersetzen, die „. . . wir in der Physik bei einer partiellen Differentialgleichung gewohnt sind: als Anfangs- oder Randbedingungen.“[4])

Eine solche partielle Differentialgleichung, die „. . . die Quantenbedingungen in sich trägt . . .“[4]) wurde von SCHRÖDINGER in seinen grundlegenden Arbeiten („Quantisierung als Eigenwertproblem“) angegeben. SCHRÖDINGER gelangte zu ihr, indem er im Anschluß an DE BROGLIE einem Teilchen eine *Wellenfunktion*

(23,38) $$\psi(\mathfrak{r}, t) = u(\mathfrak{r})\, e^{-i \omega t}$$

zuordnet. Mit Verwendung von (23,31) geht sie in

(23,39) $$\psi(\mathfrak{r}, t) = u(\mathfrak{r})\, e^{-i \frac{E}{\hbar} t}$$

[1]) ERWIN SCHRÖDINGER: *1887 in Wien, †1961 in Wien. Nobelpreisträger für Physik des Jahres 1923.

[2]) NIELS BOHR: *1885 in Kopenhagen, †1962 in Kopenhagen. Nobelpreisträger für Physik des Jahres 1922.

[3]) ARNOLD SOMMERFELD: *1868 in Königsberg/Pr., †1951 in München.

[4]) Zitiert nach SCHRÖDINGER, E.: *Abhandlungen zur Wellenmechanik.* Leipzig: J. A. Barth 1928.

über. SCHRÖDINGER sucht nun eine Differentialgleichung für diesen Ausdruck und schließt hierzu an die Wellengleichung

$$\Delta \psi = \frac{1}{v^2} \frac{\partial^2 \psi}{\partial t^2} \tag{23,40}$$

an. Hierin bedeutet v die Phasengeschwindigkeit der sich wellenförmig ausbreitenden Größe ψ.
Nach (23,19) ist

$$v = \frac{c}{n}. \tag{23,41}$$

Damit und mit (23,41) geht die Wellengleichung in

$$\Delta u + \frac{n^2 E^2}{\hbar^2 c^2} u = O \tag{23,42}$$

über. In diesem Ausdruck wird nun nach dem Vorgang von SCHRÖDINGER die optische Größe n durch mechanische Größen gemäß der optisch-mechanischen Analogie nach (23,37) ausgedrückt. Damit erhält man

$$\Delta u + \frac{2m}{\hbar^2} [E - V(\mathfrak{r})] u = O \tag{23,43}$$

und dies ist die Gleichung, die SCHRÖDINGER an die Spitze seiner „undulatorischen Mechanik" stellt. Sie wird heute als (zeitunabhängige) SCHRÖDINGER-*Gleichung* für einen Massenpunkt m bezeichnet.

Es wäre ein Irrtum, wenn der Leser meinte, daß die vorstehenden Überlegungen, die zu (23,43) führen, eine — wie es in der Literatur manchmal heißt — „Herleitung" der SCHRÖDINGER-Gleichung sind. Dieses ist schon deswegen nicht möglich, weil SCHRÖDINGER eine bereits vorliegende (die BOHRsche) Theorie verallgemeinern wollte. Die Erweiterung einer Theorie läßt sich jedoch aus ihrer ursprünglichen Fassung nicht „herleiten". Vielmehr bedarf es hierzu neuen eines Gedankens, den SCHRÖDINGER wie folgt formuliert: „. . . Es ist gar nicht ausgemacht, daß sie[1]) gerade von der zweiten Ordnung sein muß, nur das Bestreben der Einfachheit veranlaßt dazu, es zunächst einmal damit[2]) zu versuchen."

Dieser Versuch hat sich als höchst erfolgreich erwiesen und entkräftet damit auch einen Einwand, den man den Betrachtungen SCHRÖDINGERS entgegenhalten könnte. Er knüpft an die Wellengleichung (23,40) an, die — wie die Optik lehrt — nur dann gilt, wenn der Brechungsindex n konstant ist. SCHRÖDINGER verwendet jedoch (23,40) und setzt darin den ortsabhängigen Brechungsindex (23,37) ein. Es läßt sich daher der

[1]) Gemeint ist die „neue" Wellengleichung (23,43).
[2]) D. h. mit der Wellengleichung (23,40).

Einwand erheben, daß der von SCHRÖDINGER beschrittene Weg, auf dem er zu (23,43) gelangt, nicht korrekt sei. Dieser Einwand ist zweifellos richtig. Man kann auf ihn nur erwidern, daß es in der Physik durchaus nicht auf die Art der „Herleitung" einer neuen Gleichung ankommt, sondern ihr „Wert" ausschließlich nach ihrer Leistungsfähigkeit beurteilt wird.

Diese ist für die SCHRÖDINGER-Gleichung einwandfrei erwiesen: es läßt sich aus ihr und aus Verallgemeinerungen derselben eine Vielzahl von mit der Erfahrung übereinstimmenden Aussagen gewinnen, zu denen man auf anderen Wegen nicht gelangen kann. —

Es ist bemerkenswert — worauf übrigens SCHRÖDINGER auch schon 1926 hinwies[1]) und was sich später als wesentliches Hilfsmittel zum Aufbau der Wellenmechanik (heute: Quantenmechanik) erwies — daß man die SCHRÖDINGER-Gleichung (23,43) aus der HAMILTON-JACOBIschen Gleichung (23,20) durch Einführung geeigneter *Operatoren*[2]) erhalten kann. Gl. (23,20) läßt sich unter Beachtung von (23,23) in der Form

$$(23{,}44) \qquad -p_x p_x - p_y p_y - p_z p_z + 2m(E-V) = 0$$

schreiben. Vergleicht man dies mit (23,43), welche Gleichung etwas anders geschrieben

$$(23{,}45) \qquad \left[-\hbar^2\left(\frac{\partial}{\partial x}\frac{\partial}{\partial x}+\frac{\partial}{\partial y}\frac{\partial}{\partial y}+\frac{\partial}{\partial z}\frac{\partial}{\partial z}\right)+2m(E-V)\right]u(\mathfrak{r}) = 0$$

lautet, so sieht man, daß der auf $u(\mathfrak{r})$ wirkende, in den eckigen Klammern stehende Operator sich aus (23,44) ergibt, wenn man dort für

$$(23{,}46) \qquad p_x \to \frac{\hbar}{i}\frac{\partial}{\partial x}$$

....

usw. setzt. Man schreibt dafür symbolisch

$$(23{,}47) \qquad \underline{p_x} = \frac{\hbar}{i}\frac{\partial}{\partial x}$$

....

oder in Vektorschreibweise

$$(23{,}48) \qquad \underline{\mathfrak{p}} = \frac{\hbar}{i}\,\text{grad}.$$

Man nennt $\underline{\mathfrak{p}}$ den *Impulsoperator.*

Aus (23,44/45) ersieht man weiter, daß beim Übergang zur Operatorschreibweise das ortsabhängige Potential $V = V(\mathfrak{r})$ unverändert bleibt.

[1]) s. Fußnote 4) auf S. 126

[2]) Unter einem Operator versteht man eine Rechenvorschrift, durch die eine vorgegebene Größe in eine andere übergeführt wird.

Führt man daher neben $\underline{\mathfrak{p}}$ noch einen *Ortsoperator* $\underline{\mathfrak{r}}$ ein, so bedeutet er eine gewöhnliche Multiplikation mit der Größe u, auf die er einwirken soll. Man drückt dies durch

$$\underline{\mathfrak{r}} = \mathfrak{r} \tag{23,49}$$

aus.

Mit Hilfe der beiden vorstehend angegebenen Operatoren läßt sich jeder Größe G der Klassischen Punktmechanik, die auf die Form

$$G = G\,(\mathfrak{p}, \mathfrak{r}) \tag{23,50}$$

gebracht werden kann, der Operator

$$\underline{G} = G\,(\underline{\mathfrak{p}}, \underline{\mathfrak{r}}) \tag{23,51}$$

zuordnen.

Beispiel: Die Gesamtenergie eines konservativen Einpunktsystems ist

$$E = H = T + V = \frac{1}{2\,m}\,\mathfrak{p}^2 + V\,(\mathfrak{r}) \tag{23,52}$$

$$= \frac{1}{2\,m}\left(p_x^{\,2} + p_y^{\,2} + p_z^{\,2}\right) + V\,(\mathfrak{r}). \tag{23,53}$$

Der diesem Ausdruck entsprechende Operator $\underline{H}$ ist nach (23,46) und (23,49):

$$\underline{H} = \frac{1}{2\,m}\left[\left(\frac{\hbar}{i}\frac{\partial}{\partial x}\,\frac{\hbar}{i}\frac{\partial}{\partial x} + \frac{\hbar}{i}\frac{\partial}{\partial y}\,\frac{\hbar}{i}\frac{\partial}{\partial y} + \frac{\hbar}{i}\frac{\partial}{\partial z}\,\frac{\hbar}{i}\frac{\partial}{\partial z}\right)\right] + V\,(\mathfrak{r}) \tag{23,54}$$

$$= -\,\frac{\hbar^2}{2\,m}\left(\frac{\partial^2}{\partial x^2} + \frac{\partial^2}{\partial y^2} + \frac{\partial^2}{\partial z^2}\right) + V\,(\mathfrak{r}) \tag{23,55}$$

$$= -\,\frac{\hbar^2}{2\,m}\,\Delta + V\,(\mathfrak{r}). \tag{23,56}$$

Dieser Ausdruck heißt Hamilton-*Operator* des Massenpunktes m. Mit seiner Verwendung läßt sich die Schrödinger-Gleichung (23,43) in der Operatorform

$$\underline{H}\,u\,(\mathfrak{r}) = E\,u\,(\mathfrak{r}) \tag{23,57}$$

schreiben.

Wir wollen, nachdem der Begriff des Operators hier erwähnt wurde, noch abschließend eine Bemerkung über eine Eigenschaft dieser Größen machen, auf die bei deren Verwendung unbedingt zu achten ist: es handelt sich um das, was man als *Nichtvertauschbarkeit* bezeichnet. Gemeint ist damit, daß das für die gewöhnlichen Zahlen a und b gültige Gesetz der Kommutativität für die Multiplikation

$$a\,b = b\,a \tag{23,58}$$

d. h.

$$a\,b - b\,a = 0 \tag{23,59}$$

für Operatoren im allgemeinen *nicht* gilt. Vielmehr hat man beim Rechnen mit Operatoren streng auf die Reihenfolge ihres Auftretens zu achten. Sind nämlich $\underline{a}$ und $\underline{b}$ zwei verschiedene Operatoren, so gilt anstelle von (23,59) im allgemeinen

$$\underline{a}\,\underline{b} - \underline{b}\,\underline{a} \neq 0. \tag{23,60}$$

Wir verifizieren dies an Hand der vorstehend eingeführten Operatoren $\underline{\mathfrak{p}}$ und $\underline{\mathfrak{r}}$, die mit Verwendung der Schreibweise des Kanonischen Formalismus die Form

$$\left.\begin{aligned} &\underline{p}_k = \frac{\hbar}{i}\frac{\partial}{\partial q_k}, && (23{,}61)\\ &\underline{q}_k = q_k, && (23{,}62) \end{aligned}\right\} k = 1, 2, 3.$$

annehmen. Man findet nun unschwer, daß die Beziehungen

$$(\underline{p}_k\,\underline{q}_l - \underline{q}_l\,\underline{p}_k)\,u = \frac{\hbar}{i}\left(\frac{\partial}{\partial q_k}\,q_l - q_l\,\frac{\partial}{\partial q_k}\right) u = \frac{\hbar}{i}\,u\,\delta_{kl} \tag{23,63}$$

gelten, wobei δ_{kl} das KRONECKER-Symbol bedeutet.

Aus (23,63) ergibt sich, nach Unterdrücken der Funktion u, auf die $\underline{p}_k$ und $\underline{q}_k$ wirken sollen, die Operatorgleichung

$$\underline{p}_k\,\underline{q}_l - \underline{q}_l\,\underline{p}_k = \frac{\hbar}{i}\,\delta_{kl}, \qquad k, l = 1, 2, 3. \tag{23,64}$$

Dieser Ausdruck ist das quantenmechanische Analogon zu der POISSON-Klammer (19,24), während die entsprechenden Analoga zu den Klammerausdrücken (19,26/27):

$$\left.\begin{aligned} &\underline{q}_k\,\underline{q}_l - \underline{q}_l\,\underline{q}_k = 0, && (23{,}65)\\ &\underline{p}_k\,\underline{p}_l - \underline{p}_l\,\underline{p}_k = 0, && (23{,}66) \end{aligned}\right\} k, l = 1, 2, 3$$

lauten.

Eine Beziehung von der Form (23,64) heißt *Vertauschungsrelation.* Dieser Begriff wurde erstmalig 1925 von BORN[1]) und JORDAN[2]) im Anschluß an Überlegungen von HEISENBERG[3]) in die Physik eingeführt. Wir müssen es mit diesen Bemerkungen zu dem hier angeschnittenen Thema belassen und verweisen den interessierten Leser auf Literatur über Quantenmechanik.

[1]) MAX BORN: *1882 in Breslau. Nobelpreisträger für Physik des Jahres 1954.
[2]) PASCUAL JORDAN: *1902 in Hannover.
[3]) WERNER HEISENBERG: *1901 in Würzburg. Nobelpreisträger für Physik 1932.

D. Anwendung des Lagrange-Formalismus auf Felder

24. Der Begriff des Feldes und der Feldgleichung

Man könnte vielleicht glauben, daß die vorstehend dargelegten Erörterungen nur für Punktsysteme, d. h. für Anordnungen mit endlich vielen Freiheitsgraden gelten. Jedoch ist dies keineswegs der Fall. Es hat sich nämlich gezeigt, daß der LAGRANGEsche und der HAMILTONsche Formalismus auch auf *Felder* anwendbar ist. Mit diesem Begriff bezeichnet man einen Teil des Raumes oder auch den gesamten Raum, wenn er der Träger einer physikalischen Eigenschaft ψ ist. Für eine solche gilt dann die Gesetzmäßigkeit

$$\psi = \psi(\mathfrak{r}, t), \tag{24,1}$$

durch die jedem Punkt $P(\mathfrak{r})$ des Raumes in eindeutiger Weise die physikalische Größe ψ zugeordnet wird. Man nennt ψ *Feldgröße*. Sie ist im allgemeinen von der Zeit t, in jedem Fall aber von den Ortsvektoren $\mathfrak{r}$ der zu dem Feld gehörenden Raumpunkten $P(\mathfrak{r})$ abhängig. Dies erlaubt es, ein Feld als ein System mit unendlich vielen Freiheitsgraden anzusehen, vgl. hierzu Kapitel 25.

Je nachdem, ob die Feldgröße ein Skalar, ein Vektor oder ein Tensor ist, spricht man von einem skalaren, von einem Vektor- oder einem Tensorfeld.

Die Gleichung, aus der man die jeweilige Feldgröße bestimmen kann, heißt *Feldgleichung*. Sie ist, weil ψ nach (24,1) im allgemeinen eine Funktion von vier voneinander unabhängigen Variablen ist, eine partielle Differentialgleichung[1]).

Von der Vielzahl dieser sind für die Physik nur wenige Typen von Interesse, die als „Differentialgleichungen der Physik" bezeichnet werden. Sie sind — wenn man von der EULERschen Gleichung der Hydrodynamik (24,15) absieht — lineare Differentialgleichungen zweiter Ordnung mit im allgemeinen konstanten Koeffizienten.

Beispiele: Der Prototyp eines Vektorfeldes ist das aus der Mechanik bekannte Kraftfeld

$$\mathfrak{K} = \mathfrak{K}(\mathfrak{r}), \tag{24,2}$$

[1]) Im Gegensatz hierzu sind die Bewegungsgleichungen der Punktmechanik gewöhnliche Differentialgleichungen, weil die Punktmechanik nur eine Unabhängige, die Zeit t, kennt.

wie etwa das Feld der Gravitationskraft

(24,3) $$\mathfrak{K} = -G\frac{M\,m}{r^3}\mathfrak{r}, \qquad G = \text{const.}$$

Durch diesen Ausdruck wird die Kraftwirkung eines Massenpunktes M („Sonne“) auf eine andere als punktförmig angenommene Masse m („Planet“) beschrieben, die in bezug auf M den Ortsvektor $\mathfrak{r}$ hat.

Bekanntlich hat die Gravitationskraft (24,3) als Zentralkraft ein Potential V, das Gravitations- oder NEWTONsche Potential

(24,4) $$V(\mathfrak{r}) \sim \frac{1}{|\mathfrak{r}|} = \frac{1}{r}.$$

Es genügt der Feldgleichung

(24,5) $$\Delta V = \frac{\partial^2 V}{\partial x^2} + \frac{\partial^2 V}{\partial y^2} + \frac{\partial^2 V}{\partial z^2} = 0^{1)}.$$

Eine Gleichung von diesem Typ heißt LAPLACE-*Gleichung*[2]). Sie spielt außer in der Mechanik auch in anderen Gebieten der Physik, so z. B. in der Elektrostatik, eine wesentliche Rolle.

Es möge hier nicht der Hinweis unterbleiben — der sich in der Literatur kaum findet —, daß der Ausdruck $\Delta\psi$ sich anschaulich deuten läßt. Man kann nämlich zeigen, daß die Beziehung

(24,6) $$\Delta\,\psi(\mathfrak{r}) \sim \bar{\psi} - \psi(\mathfrak{r})$$

gilt. Hierin bedeutet $\bar{\psi}$ den räumlichen Mittelwert der Feldgröße ψ in einer Umgebung des Punktes $P(\mathfrak{r})$. Man kann daher $\Delta\,\psi$ als ein Maß dafür ansehen, um wieviel die Feldgröße ψ in einem Punkt $P(\mathfrak{r})$ des Feldes von ihrem räumlichen Mittelwert $\bar{\psi}$ abweicht.

Bei dem vorstehend angegebenen Beispiel des NEWTONschen Gravitationspotentials stimmt nach (24,5) sein lokaler Wert $V(\mathfrak{r})$ mit dem Mittelwert einer Umgebung von $P(\mathfrak{r})$ — außerhalb von M — stets überein.

Ist dies indessen nicht der Fall, d. h. sind $\bar{\psi}$ und $\psi(\mathfrak{r})$ voneinander verschieden, so gilt statt (24,5):

(24,7) $$\Delta\,\psi = f(\mathfrak{r}),$$

wobei durch die Ortsfunktion $f(\mathfrak{r})$ der Unterschied von $\bar{\psi}$ und $\psi(\mathfrak{r})$ in jedem Punkt des Feldes angegeben wird. Es hat sich (aus rein rechnerischen Gründen) als zweckmäßig erwiesen, (24,7) in der Form

(24,8) $$\Delta\,\psi = -4\,\pi\,\varrho(\mathfrak{r})$$

[1]) Diese Gleichung ist ein Sonderfall der 1913 von EINSTEIN aufgestellten *Kosmologischen Feldgleichungen*. (Allgemeine Relativitätstheorie).

[2]) Der durch (24,5) erklärte Operator

(24,5a) $$\Delta = \frac{\partial^2}{\partial x^2} + \frac{\partial^2}{\partial y^2} + \frac{\partial^2}{\partial z^2}$$

wird deshalb als LAPLACE-Operator bezeichnet.

zu schreiben. Eine Gleichung von diesem Typ heißt POISSONsche *Differentialgleichung.* Wenn sie sich bei der theoretischen Behandlung physikalischer Sachverhalte ergibt, so hat vielfach das Inhomogenitätsglied $\varrho = \varrho(\mathfrak{r})$ die Bedeutung der Quelldichte einer ein Feld erzeugenden Größe, so z. B. von Masse, die ein Gravitationsfeld, oder von elektrischer Ladung, die ein elektrisches Feld erzeugt.

Auch die (zeitunabhängige) SCHRÖDINGER-Gleichung (23,43) ist eine Feldgleichung, weil die darin auftretende Amplitude $u = u(\mathfrak{r})$ der Wellenfunktion ψ — (23,38) — im Sinne von SCHRÖDINGER eine von allen Punkten $P(\mathfrak{r})$ des Raumes abhängige Ortsfunktion ist. —

Ein anderer Typ einer partiellen Differentialgleichung, der in der Physik eine wesentliche Rolle spielt, ist die *Wellengleichung*

$$(24,9) \qquad \Delta\,\psi = \frac{1}{v^2}\frac{\partial^2 \psi}{\partial t^2}, \qquad v = \text{const.}$$

Durch ihre allgemeine Lösung wird ein Ausbreitungsvorgang der Feldgröße ψ beschrieben. Daher hat sich (24,9) insbesondere zur Beschreibung vieler akustischer und optischer Erscheinungen (elektromagnetische Wellen) als geeignet erwiesen. — Als weiteres Beispiel sei das Verschiebungsfeld

$$(24,10) \qquad \mathfrak{s} = \mathfrak{s}(\mathfrak{r}, t)$$

eines deformierten festen Körpers genannt. Es läßt sich aus der Feldgleichung

$$(24,11) \qquad \varrho\frac{\partial^2 \mathfrak{s}}{\partial t^2} = \mathfrak{F}(\mathfrak{r}, t) + \mu\,\Delta\,\mathfrak{s} + (\mu + \lambda)\,\text{grad div}\,\mathfrak{s}$$

bestimmen, die man als *Elastische Grundgleichung* bezeichnet. In ihr bedeutet ϱ die Dichte des festen Körpers, $\mathfrak{F}$ die auf ihn einwirkende Volumenkraft und μ bzw. λ die LAMÉschen Elastizitätskonstanten des als isotrop vorausgesetzten Körpers.

In manchen Fällen benötigt man zur Beschreibung eines Feldes mehr als eine (skalare, Vektor- oder Tensor-) Feldgröße. Als Beispiel dafür nennen wir das Strömungsfeld einer Flüssigkeit. Nach EULER wird es dadurch beschrieben, daß man zu jeder Zeit t in jedem Punkt $P(\mathfrak{r})$ des Feldes die Geschwindigkeit

$$(24,12) \qquad \mathfrak{v} = \mathfrak{v}(\mathfrak{r}, t),$$

den Druck

$$(24,13) \qquad p = p(\mathfrak{r}, t)$$

und die Dichte

$$(24,14) \qquad \varrho = \varrho(p) = \varrho(\mathfrak{r}, t)$$

der strömenden Flüssigkeit angibt. In der Hydrodynamik wird gezeigt, daß sich die vorstehend genannten Feldgrößen für den Fall idealer Flüssigkeiten aus der EULERschen *Bewegungsgleichung*

$$(24,15) \qquad \frac{\partial \mathfrak{v}}{\partial t} + (\mathfrak{v}\,\text{grad})\,\mathfrak{v} = \mathfrak{P} - \frac{1}{\varrho}\,\text{grad}\,p$$

($\mathfrak{P}$ = die auf die Masseneinheit der Flüssigkeit wirkende Kraft) und der Kontinuitätsgleichung (= Erhaltungsaussage für die Masse)

$$\text{div}\, \varrho\, \mathfrak{v} + \frac{\partial \varrho}{\partial t} = 0 \tag{24,16}$$

in Verbindung mit der Druck-Dichte-Beziehung (24,14) ermitteln lassen. Für den Fall, daß auch die Viscosität der Flüssigkeit mitberücksichtigt wird, ist statt (24,15) die NAVIER-STOKES*sche Gleichung*

$$\varrho \left\{ \frac{\partial \mathfrak{v}}{\partial t} + (\mathfrak{v}\,\text{grad})\,\mathfrak{v} \right\} = \varrho\, \mathfrak{P} - \text{grad}\, p + \eta\, \Delta\, \mathfrak{v} + (\eta + \eta')\, \text{grad div}\, \mathfrak{v} \tag{24,17}$$

zu verwenden. In ihr bedeuten η und η' zwei Zähigkeitskoeffizienten, die man als hydrodynamische Analoga zu den LAMÉschen Konstanten λ und μ der Elastizitätstheorie ansehen kann, vgl. (24,11).

25. Der Lagrangesche Formalismus für Felder

Wir wollen nun zeigen, wie sich der LAGRANGEsche Formalismus der Punktmechanik auf ein Feld übertragen läßt. Ein solches wird nach (24,1) durch die (zunächst als skalar angenommene) Feldgröße

$$\psi = \psi\,(\mathfrak{r}, t) \tag{25,1}$$

beschrieben. Diese Funktion ist das Gegenstück der generalisierten Koordinaten

$$q_k = q_k\,(t), \qquad k = 1, 2, \ldots, f \tag{25,2}$$

aus der Punktmechanik.

Es wurde vorstehend gezeigt, daß die q_k den LAGRANGEschen Bewegungsgleichungen (10,29) genügen. Diese gewöhnlichen Differentialgleichungen erhält man als EULERsche Gleichungen aus dem Variationsproblem (12,1), wobei die LAGRANGE-Funktion von der Form

$$L = L\,(q_k, \dot{q}_k, t) \tag{25,3}$$

ist.

Im Gegensatz zu den q_k genügt nun, wie in Kapitel 24 erwähnt wurde, die Feldgröße ψ einer partiellen Differentialgleichung. Soll diese ebenfalls die EULERsche Gleichung eines Variationsproblems sein, so muß, wie die Variationsrechnung lehrt, die hierzu erforderliche LAGRANGE-Funktion L die Form

$$L = \int \mathfrak{L}\, d\tau = \int \mathfrak{L}\, d^3\, \mathfrak{r} \tag{25,4}$$

haben. Hierbei bedeutet $d\tau = d^3\,\mathfrak{r}$ ein Volumenelement des betrachteten Feldes, über welches das in (25,4) angegebene Integral zu erstrecken ist. Der Integrand $\mathfrak{L}$ wird als LAGRANGE-*Dichte* des durch ψ beschriebenen Feldes bezeichnet. Sie ist im allgemeinen eine Funktion von ψ und dessen Ableitungen, ferner von den Ortsvektoren $\mathfrak{r}$ eines jeden zum Feld gehörigen Punktes $P\,(\mathfrak{r})$ und der Zeit t.

Es wird also, wenn das Feld durch nur eine Feldgröße ψ beschrieben wird, die Lagrange-Dichte von der Form

$$\mathfrak{L} = \mathfrak{L}\left(\psi, \frac{\partial \psi}{\partial x}, \frac{\partial \psi}{\partial y}, \frac{\partial \psi}{\partial z}, \frac{\partial \psi}{\partial t}, x, y, z, t\right) \tag{25,5}$$

sein, wofür oft symbolisch

$$\mathfrak{L} = \mathfrak{L}\left(\psi, \operatorname{grad} \psi, \frac{\partial \psi}{\partial t}, \mathfrak{r}, t\right) \tag{25,6}$$

geschrieben wird.

Natürlich ist es denkbar, daß die Lagrange-Dichte $\mathfrak{L}$ auch von höheren als den ersten Ableitungen von ψ abhängt. Verlangt man aber, daß die Feldgleichungen von höchstens zweiter Ordnung in den Variablen $\mathfrak{r}, t$ sind (was bei den meisten Differentialgleichungen der Physik der Fall ist, vgl. Kapitel 24), so muß $\mathfrak{L}$ von der Form (25,5) sein.

Wir bemerken, daß die Rolle des diskreten Index $k = 1, 2, \ldots, f$ in der Lagrange-Funktion (25,3) der Punktmechanik in der Lagrange-Dichte (25,5) die *kontinuierliche* Ortsvariable $\mathfrak{r}$ übernommen hat. Dies berechtigt, ein Feld als ein System mit *unendlich* vielen Freiheitsgraden anzusehen.

Es ist für das Weitere von Vorteil, wenn die bisher benutzte Bezeichnungsweise etwas geändert wird. Zunächst führen wir die schon früher verwendete „Durchnumerierung" ein, d. h. wir schreiben für

$$x = x_1\,, \quad y = x_2\,, \quad z = x_3\,. \tag{25,7}$$

Ferner führen wir für den Differentialoperator $\partial/\partial x$ das neue Symbol ∂_x ein und schreiben künftig für

$$\frac{\partial f}{\partial x} = \partial_x f = \partial_{x_1} f = \partial_1 f \tag{25,8}$$

$$\frac{\partial f}{\partial y} = \partial_y f = \partial_{x_2} f = \partial_2 f\,. \tag{25,9}$$

....

Konsequenterweise sollte nun für

$$\frac{\partial f}{\partial t} = \partial_t f \tag{25,10}$$

geschrieben werden. Wir schließen uns aber dem allgemeinen Brauch an und verwenden nachstehend durchweg die Bezeichnung

$$\frac{\partial f}{\partial t} = \dot{f}. \tag{25,11}$$

Mit dieser Symbolik nimmt die Lagrange-Dichte (25,5) die Form

$$\mathfrak{L} = \mathfrak{L}\,(\psi, \partial_i \psi, \dot{\psi}, x_i, t) \tag{25,12}$$

an, wobei mit dem Index i das Zahlentripel 1, 2, 3 gemeint ist.

Mit der LAGRANGE-Dichte (25,12) lautet nun das HAMILTONsche Prinzip

$$\delta \int_{t_1}^{t_2} L\, dt = \delta \int_{t_1}^{t_2} \{ \int \mathfrak{L}\, d\tau \}\, dt = 0 \tag{25,13}$$

mit

$$\delta \psi (\mathfrak{r}, t_1) = \delta \psi (\mathfrak{r}, t_2) = 0 \tag{25,14}$$

und der weiteren Forderung, daß die Variation von ψ auf dem Rande des Feldes zu jeder Zeit verschwindet.

Nach den Regeln der Variationsrechnung gehört zu diesem Extremalproblem die EULERsche Gleichung

$$\frac{\partial \mathfrak{L}}{\partial \psi} - \sum_{i=1}^{3} \frac{\partial}{\partial x_i} \frac{\partial \mathfrak{L}}{\partial \left(\frac{\partial \psi}{\partial x_i}\right)} - \frac{\partial}{\partial t} \frac{\partial \mathfrak{L}}{\partial \dot{\psi}} = 0 \tag{25,15}$$

oder in der neuen Symbolik geschrieben

$$\frac{\partial \mathfrak{L}}{\partial \psi} - \sum_{i=1}^{3} \partial_i \frac{\partial \mathfrak{L}}{\partial\, \partial_i \psi} - \partial_t \frac{\partial \mathfrak{L}}{\partial \dot{\psi}} = 0\,. \tag{25,16}$$

Diese Gleichung ist die Verallgemeinerung von (3,58).

Es könnte vielleicht verwunderlich erscheinen, daß die Bewegung eines Punktsystems mit endlich vielen Freiheitsgraden durch die f LAGRANGEschen Gleichungen

$$\frac{d}{dt} \frac{\partial L}{\partial \dot{q}_k} - \frac{\partial L}{\partial q_k} = 0\,, \qquad k = 1, 2, \ldots, f \tag{25,17}$$

beschrieben wird, während demgegenüber für ein Feld, das sich vorstehend als ein System mit unendlich vielen Freiheitsgraden erwies, das HAMILTONsche Prinzip nur eine Gleichung liefert. Man beachte jedoch, daß (25,17) gewöhnliche Differentialgleichungen sind, während (25,16) eine partielle Differentialgleichung ist. In (25,17) ist nur die Zeit t Unabhängige, während in (25,16) neben t noch der sich innerhalb des Feldes kontinuierlich ändernde Ortsvektor $\mathfrak{r} = \{x, y, z\}$ als weitere Unabhängige hinzutritt.

Wir haben die vorstehenden Darlegungen noch auf den Fall zu erweitern, daß es sich um ein Feld handelt, zu dessen Beschreibung mehr als eine Funktion erforderlich ist. Die LAGRANGE-Dichte eines solchen Feldes wird dann in Verallgemeinerung von (25,5) im allgemeinen von allen Feldgrößen ψ_j ($j = 1, 2, \ldots, n$), deren räumlichen und zeitlichen Ableitungen sowie auch vom Ort $\mathfrak{r}$ und der Zeit t abhängen. Wir wollen dies durch

$$\mathfrak{L} = \mathfrak{L} (\psi_j, \partial_i \psi_j, \dot{\psi}_j, \mathfrak{r}, t) \tag{25,20}$$

ausdrücken. Das HAMILTONsche Prinzip nimmt dann die Form

$$\delta \int_{t_1}^{t_2} \{ \int \mathfrak{L} (\psi_j, \partial_i \psi_j, \dot{\psi}_j, \mathfrak{r}, t)\, d\tau \}\, dt = 0 \tag{25,21}$$

an. Zu dieser Extremalaufgabe gehören die n EULERschen Gleichungen

(25,22) $$\frac{\partial \mathfrak{L}}{\partial \psi_j} - \sum_{i=1}^{3} \partial_i \frac{\partial \mathfrak{L}}{\partial \partial_i \psi_j} - \partial_t \frac{\partial \mathfrak{L}}{\partial \dot{\psi}_j} = 0\,, \qquad j = 1, 2, \ldots, n.$$

Man kann die Feldgleichungen (25,22) formal analog zu den LAGRANGEschen Gleichungen (10,29) der Punktmechanik schreiben. Dies gelingt, indem man den Begriff der *Variationsableitung* — manchmal auch *Funktionalableitung* genannt — der LAGRANGE-Funktion L einführt. Sie wird durch

(25,23) $$\frac{\delta L}{\delta \psi_j} = \frac{\partial \mathfrak{L}}{\partial \psi_j} - \sum_{i=1}^{3} \partial_i \frac{\partial \mathfrak{L}}{\partial \partial_i \psi_j}$$

definiert.

Ersetzt man in (25,23) die Feldgröße ψ_j durch ihre zeitliche Ableitung $\dot{\psi}_j$, so erhält man wegen der hier speziell durch (25,20) angegebenen Abhängigkeit der LAGRANGE-Dichte $\mathfrak{L}$ von den Feldgrößen und ihren Ableitungen

(25,24) $$\frac{\delta L}{\delta \dot{\psi}_j} = \frac{\partial \mathfrak{L}}{\partial \dot{\psi}_j}\,.$$

Dann wird aus (25,22):

(25,25) $$\frac{\delta L}{\delta \psi_j} - \frac{\partial}{\partial t} \frac{\delta L}{\delta \dot{\psi}_j} = 0\,,$$

womit die Analogie zu den LAGRANGEschen Gleichungen (25,17) der Punktmechanik hergestellt ist.

26. Der Hamiltonsche Formalismus für ein Feld

Nachdem im vorstehenden Kapitel gezeigt wurde, wie man die ein Feld beschreibende(n) Gleichung(en) als die zu einem Extremalproblem — dem HAMILTONschen Prinzip — gehörende(n) EULERsche(n) Gleichung(en) gewinnen kann, wollen wir nun die Begriffe und Gesetzmäßigkeiten der Mechanik in der Formulierung nach HAMILTON auf ein Feld übertragen. Man nennt dies den HAMILTONschen (oder den *kanonischen*) *Formalismus* der Feldtheorie. Er ergibt sich, indem man nun die Darlegungen des Kapitels 15 verallgemeinert,

Wir definieren zunächst in Analogie zu (15,2) die zu der Feldgröße $\psi(\mathfrak{r}, t)$ kanonisch konjugierte Impulsdichte

(26,1) $$\pi(\mathfrak{r}, t) = \frac{\partial \mathfrak{L}}{\partial \dot{\psi}} = \frac{\delta L}{\delta \dot{\psi}}\,.$$

Ferner führen wir eine HAMILTON-*Dichte*

$$\mathfrak{H}(\pi, \psi) = \pi \dot{\psi} - \mathfrak{L} \tag{26,2}$$

ein, aus der man durch Integration über das Feld dessen HAMILTON-Funktion

$$H = \int \mathfrak{H}\, d^3 \mathfrak{r} \tag{26,3}$$

erhält. Für ein n-komponentiges Feld lautet H ausführlich geschrieben

$$H = \int \left(\sum_{j=1}^{n} \pi_j \dot{\psi}_j - \mathfrak{L}\right) d^3 \mathfrak{r} \tag{26,4}$$

$$= \int \sum \pi_j \dot{\psi}_j\, d^3 \mathfrak{r} - L\,. \tag{26,5}$$

Mit der Einführung der vorstehenden Begriffe können nun Feldgleichungen formal auf die gleiche Form gebracht werden, wie sie die kanonischen Bewegungsgleichungen der Punktmechanik haben. Es wird daher manchmal statt von Feldgleichungen auch von den „Bewegungsgleichungen des Feldes" gesprochen.

Um sie zu finden, haben wir nun H als Funktional der π_j und ψ_j anzusehen und erhalten zunächst aus (26,5) für die Variation

$$\delta H = \int \sum_{j=1}^{n} (\dot{\psi}_j\, \delta \pi_j + \pi_j\, \delta \dot{\psi}_j)\, d^3 \mathfrak{r} - \delta L\,. \tag{26,6}$$

Die in diesem Ausdruck auftretende Variation des Funktionals

$$L = L(\psi_j, \partial_i \psi_j, \dot{\psi}_j, t) \tag{26,7}$$

ist unter Verwendung des mit (25,23) eingeführten Begriffes der Funktionalableitung

$$\delta L = \int \sum_{j=1}^{n} \left(\frac{\delta L}{\delta \psi_j}\, \delta \psi_j + \frac{\delta L}{\delta \dot{\psi}_j}\, \delta \dot{\psi}_j\right) d^3 \mathfrak{r}\,. \tag{26,8}$$

Hierfür kann unter Beachtung von (26,1) und (25,25) auch

$$\delta L = \int \sum_j \left(\dot{\pi}_j\, \delta \psi_j + \pi_j\, \delta \dot{\psi}_j\right) d^3 \mathfrak{r} \tag{26,9}$$

geschrieben werden.

Setzt man dies in (26,6) ein, so wird

$$\delta H = \int \left(\sum_{j=1}^{n} \dot{\psi}_j\, \delta \pi_j - \dot{\pi}_j\, \delta \psi_j\right) d^3 \mathfrak{r}\,. \tag{26,10}$$

Andererseits läßt sich aber die Variation des Funktionals

$$H = H(\pi_j, \psi_j, t) \tag{26,11}$$

auch in der Form

$$\delta H = \int \left(\sum_{j=1}^{n} \frac{\delta H}{\delta \pi_j}\, \delta \pi_j + \frac{\delta H}{\delta \psi_j}\, \delta \psi_j\right) d^3 \mathfrak{r} = 0 \tag{26,12}$$

schreiben. Durch Vergleich von (26,10) mit (26,12) erhält man mit Verwendung des Lemma von DU BOIS-REYMOND dann die Feldgleichungen in der kanonischen Form

$$\frac{\delta H}{\delta \pi_j} = \dot{\psi}_j \tag{26,13}$$

$$\frac{\delta H}{\delta \psi_j} = -\dot{\pi}_j\,. \tag{26,14}$$

Wir wollen zum Abschluß noch den Begriff der POISSON-Klammern auf ein Feld übertragen. Hierzu betrachten wir ein Funktional F, das wir der Einfachheit halber als nur von e i n e r Feldgröße ψ und der zu ihr kanonisch konjugierten Impulsdichte π abhängig ansehen wollen:

$$F = F(\psi, \pi)\,. \tag{26,15}$$

Ferner gelte für F, daß es als Integral über das Feld in der Form

$$F = \int \mathfrak{F}\, d^3 \mathfrak{r} \tag{26,16}$$

darstellbar ist, wobei

$$\mathfrak{F} = \mathfrak{F}(\pi, \psi) \tag{26,17}$$

die zu der Größe F gehörige D i c h t e ist.

Die zeitliche Änderung von F ist

$$\frac{dF}{dt} = \int \left(\frac{\partial \mathfrak{F}}{\partial \psi}\dot{\psi} + \frac{\partial \mathfrak{F}}{\partial \pi}\dot{\pi}\right) d^3 \mathfrak{r}\,. \tag{26,18}$$

Hierfür kann man wegen (26,13/14) auch

$$\frac{dF}{dt} = \int \left(\frac{\partial \mathfrak{F}}{\partial \psi}\frac{\delta H}{\delta \pi} - \frac{\partial \mathfrak{F}}{\partial \pi}\frac{\delta H}{\delta \psi}\right) d^3 \mathfrak{r} \tag{26,19}$$

schreiben.

Auf Grund der Definition der Funktionalableitung (25,23) ist nun weiterhin wegen der hier angenommenen einfachen, durch (26,17) ausgedrückten Abhängigkeit von $\mathfrak{F}$ (keine Abhängigkeit von den Gradienten von ψ und π!),

$$\frac{\partial \mathfrak{F}}{\partial \psi} = \frac{\delta F}{\delta \psi} \tag{26,20}$$

$$\frac{\partial \mathfrak{F}}{\partial \pi} = \frac{\delta F}{\delta \pi}\,. \tag{26,21}$$

Damit geht (26,19) in

$$\frac{dF}{dt} = \int \left(\frac{\delta F}{\delta \psi}\frac{\delta H}{\delta \pi} - \frac{\delta F}{\delta \pi}\frac{\delta H}{\delta \psi}\right) d^3 \mathfrak{r} \tag{26,22}$$

über.

Die rechte Seite dieser Gleichung wird als POISSON-*Klammer* der Funktionale H und F bezeichnet, wofür man

$$\{F, H\} = \int \left(\frac{\delta F}{\delta \psi} \frac{\delta H}{\delta \pi} - \frac{\delta F}{\delta \pi} \frac{\delta H}{\delta \psi}\right) d^3 \mathfrak{r} \tag{26,23}$$

schreibt.

Setzt man in (26,23) für H ein beliebiges anderes Funktional

$$G = G(\psi, \pi) \tag{26,24}$$

ein, so erhält man

$$\{F, G\} = \int \left(\frac{\delta F}{\delta \psi} \frac{\delta G}{\delta \pi} - \frac{\delta F}{\delta \pi} \frac{\delta G}{\delta \psi}\right) d^3 \mathfrak{r}\,. \tag{26,25}$$

Diesen Ausdruck definiert man als die POISSON-Klammer der Funktionale F und G. Der letzte Ausdruck ist das Gegenstück von (19,19) und dessen Übertragung auf die Feldtheorie.

27. Lagrange-Dichten für spezielle Felder

Wir wollen zum Abschluß dieses Abschnittes einige LAGRANGE-Dichten

$$\mathfrak{L} = \mathfrak{L}(\psi_j, \partial_i \psi_j, \dot{\psi}_j)\,, \tag{27,1}$$

angeben, mit denen die zu dem Variationsproblem (25,21) gehörenden EULERschen Gleichungen

$$\frac{\partial \mathfrak{L}}{\partial \psi_j} - \sum_{i=1}^{3} \partial_i \frac{\partial \mathfrak{L}}{\partial(\partial_j \psi_j)} - \partial_t \frac{\partial \mathfrak{L}}{\partial \dot{\psi}_j} = 0 \tag{27,2}$$

einige der die in Kapitel 24 angegebenen Feldgleichungen liefern.

Setzt man

$$\mathfrak{L} = \frac{1}{2} \sum_{i=1}^{3} (\partial_i \psi)^2 = \frac{1}{2} (\operatorname{grad} \psi)^2\,, \tag{27,3}$$

so ergibt (27,2) die LAPLACE-Gleichung (24,5), wenn ψ als das NEWTONsche Potential V gedeutet wird.

Aus (27,3) lassen sich durch Addition geeigneter Glieder weitere bedeutungsvolle LAGRANGE-Dichten gewinnen.

Fügt man etwa den Summanden $-4\pi\varrho\psi$ hinzu, d. h. wird

$$\mathfrak{L} = \frac{1}{2} \sum_{i=1}^{3} (\partial_i \psi)^2 - 4\pi\varrho\psi \tag{27,4}$$

gesetzt, so erhält man aus (27,2) die POISSONsche Differentialgleichung (24,8).

Ändert man dagegen (27,3) in

(27,5) $$\mathfrak{L} = \frac{1}{2} \left\{ \sum_{i=1}^{3} (\partial_i \psi)^2 - \frac{1}{v^2} (\partial_t \psi)^2 \right\}$$

(27,6) $$= \frac{1}{2} \left\{ (\operatorname{grad} \psi)^2 - \frac{1}{v^2} \dot{\psi}^2 \right\}$$

ab, so erhält man mit diesem $\mathfrak{L}$ aus (27,2) die Wellengleichung

(27,7) $$\Delta \psi = \frac{1}{v^2} \ddot{\psi} .$$

Man kann sie auf eine ähnliche Form wie die LAPLACE-Gleichung (24,5) bringen, wenn man anstelle des LAPLACE-Operators Δ den D'ALEMBERT-Operator

(27,8) $$\Box = \Delta - \frac{1}{v^2} \frac{\partial^2}{\partial t^2}$$

einführt. Dann nimmt (27,7), die man gelegentlich auch als D'ALEMBERT-sche Gleichung bezeichnet, die Form

(27,9) $$\Box \psi = 0$$

an.

Fügt man zu (27,5) den Ausdruck $-4 \pi \varrho \psi$ hinzu, so wird

(27,10) $$\mathfrak{L} = \frac{1}{2} \left\{ \sum_{i=1}^{3} (\partial_i \psi)^2 - \frac{1}{v^2} (\partial_t \psi)^2 \right\} - 4 \pi \varrho \psi,$$

womit (27,2) die Feldgleichung

(27,11) $$\Box \psi = -4 \pi \varrho$$

ergibt. Diese inhomogene Wellengleichung wird als Differentialgleichung der *retardierten Potentiale* (oder der *Wellenpotentiale*) bezeichnet. Auf Gleichungen vom Typ (27,11) stößt man u. a. in der MAXWELL[1])-schen Theorie des Elektromagnetischen Feldes, wenn man dieses durch ein skalares Potential V und ein Vektorpotential $\mathfrak{A}$ beschreibt. —

Auch die SCHRÖDINGER-Gleichung (23,43) läßt sich aus dem Variationsproblem (25,13) gewinnen, wenn man — in Anpassung an die in Kapitel 23 verwendete Schreibweise — für die LAGRANGE-Dichte

(27,12) $$\mathfrak{L} = -\frac{\hbar^2}{2m} \operatorname{grad} u \cdot \operatorname{grad} u^* + (E - V) u u^*$$

setzt, wobei u^* die zu u konjugiert komplexe Größe ist.

[1]) JAMES CLERK MAXWELL: *1831 in Edinburgh, †1879 in Cambridge.

Als weiteres Beispiel geben wir die LAGRANGE-Dichte des Verschiebungsfeldes $\mathfrak{s} = \{s_x, s_y, s_z\}$ eines deformierten festen Körpers an, vgl. (24,10/24,11). Sie lautet

$$\mathfrak{L} = \frac{1}{2}\Big\{ \varrho\,(\dot{s}_x^2 + \dot{s}_y^2 + \dot{s}_z^2) - \lambda\left(\frac{\partial s_x}{\partial x} + \frac{\partial s_y}{\partial y} + \frac{\partial s_z}{\partial z}\right)^2 - 2\,\mu\left[\left(\frac{\partial s_x}{\partial x}\right)^2 + \left(\frac{\partial s_y}{\partial y}\right)^2 + \left(\frac{\partial s_z}{\partial z}\right)^2\right] - \mu\left[\left(\frac{\partial s_x}{\partial y} + \frac{\partial s_y}{\partial x}\right)^2 + \left(\frac{\partial s_x}{\partial z} + \frac{\partial s_z}{\partial x}\right)^2 + \left(\frac{\partial s_y}{\partial z} + \frac{\partial s_z}{\partial y}\right)^2\right]\Big\} + (F_x s_x + F_y s_y + F_z s_z). \tag{27,13}$$

Geht man mit diesem Ausdruck in (27,2) ein, so erhält man — mit $\psi_j = s_j$ — die drei Komponenten der Vektorgleichung (24,11).

Wir bemerken, daß man auch die EULERsche Gleichung (24,15) für das Strömungsfeld einer idealen Flüssigkeit aus einem Variationsproblem erhalten kann. Allerdings ist dieses komplizierter, als das bisher ausschließlich verwendete Problem (25,13/14), weshalb wir hier darauf nicht eingehen, sondern den interessierten Leser auf die Literatur[1]) verweisen.

Versuche, auch die NAVIER-STOKESsche Gleichung (24,17) für zähe Flüssigkeiten aus einem Variationsproblem zu erhalten, sind bis heute bisher erfolglos geblieben.

Die bisher angegebenen LAGRANGE-Dichten sind ausnahmslos von der Form (27,1), d. h. in ihnen treten nur erste Ableitungen der Feldgrößen ψ_j auf. Dies hat nach (27,2) zur Folge, daß die dem jeweiligen ψ_j entsprechende Feldgleichung eine (lineare) partielle Differentialgleichung zweiter Ordnung ist, wofür vorstehend Beispiele angegeben sind. Mit diesen Gleichungen läßt sich zwar eine Vielzahl von physikalischen Erscheinungen beschreiben, indessen gibt es auch physikalische Vorgänge, zu deren Beschreibung man Feldgleichungen von höherer als zweiter Ordnung benötigt. Sofern sich diese aus einem Variationsproblem gewinnen lassen, muß die darin auftretende LAGRANGE-Dichte auch höhere als erste Ableitungen von ψ_j enthalten. Dies folgt aus den in Abschnitt c des Kapitels 3 angegebenen Formeln (3,61—63). In ihnen hat man — um sie in den hier verwendeten Bezeichnungen auszudrücken — die dort noch allgemein als Grundfunktion bezeichnete Größe F mit der LAGRANGE-Dichte $\mathfrak{L}$ und die aus (3,62) zu bestimmende Funktion y mit der Feldgröße ψ zu identifizieren, während unter u und v zwei voneinander Unabhängige, so z. B. die beiden Ortskoordinaten x, y oder etwa die Ortskoordinate x und die Zeit t zu verstehen sind. Dann lautet die zu dem Variationsproblem (3,62) gehörende EULERsche

[1]) Vgl. etwa SERRIN, J.: *Mathematical Principles of Classical Fluid Mechanics* in Handbuch der Physik Bd. VIII/1 (Herausg. von S. FLÜGGE). Berlin-Göttingen-Heidelberg: Springer-Verlag 1959.

Gleichung, wenn weiterhin die in Kapitel 25 eingeführte Differentiationssymbolik verwendet wird, nun

$$\frac{\partial \mathfrak{L}}{\partial \psi} - \partial_u \frac{\partial \mathfrak{L}}{\partial\, \partial_u \psi} - \partial_v \frac{\partial \mathfrak{L}}{\partial\, \partial_v \psi} + \partial_u \partial_u \frac{\partial \mathfrak{L}}{\partial\,(\partial_u \partial_u \psi)} + 2\, \partial_u \partial_v \frac{\partial \mathfrak{L}}{\partial\,(\partial_u \partial_v \psi)} + \partial_v \partial_v \frac{\partial \mathfrak{L}}{\partial\,(\partial_v \partial_v \psi)} = 0\,. \tag{27,14}$$

Daß man mittels dieser Gleichung durch geeignete Wahl von $\mathfrak{L}$ zu Differentialgleichungen gelangen kann, die in der Theoretischen Physik eine Rolle spielen, sei abschließend an Hand von zwei Beispielen gezeigt. Setzt man für

$$\mathfrak{L} = \frac{1}{2}\left\{ (\partial_x \partial_x \psi)^2 + 2\,(\partial_x \partial_y \psi)^2 + (\partial_y \partial_y \psi)^2 \right\}, \tag{27,15}$$

wobei x ($= u$) und y ($= v$) cartesische Koordinaten bedeuten, so liefert (27,14) für die Feldgröße $\psi = \psi\,(x, y)$ die Differentialgleichung

$$\partial_x \partial_x \partial_x \partial_x \psi + 2\, \partial_x \partial_x \partial_y \partial_y \psi + \partial_y \partial_y \partial_y \partial_y \psi = 0\,, \tag{27,16}$$

oder bei Verwendung der üblichen Schreibweise

$$\frac{\partial^4 \psi}{\partial x^4} + 2 \frac{\partial^4 \psi}{\partial x^2\, \partial y^2} + \frac{\partial^4 \psi}{\partial y} = 0\,. \tag{27,17}$$

Dieser Ausdruck wird *Bipotentialgleichung* genannt. In der Physik tritt sie u. a. in der Elastizitätstheorie auf. Diese lehrt, daß sich die zur Beschreibung eines (statischen) ebenen Spannungszustandes erforderlichen Größen aus nur einer Funktion, der AIRY[1])-schen Spannungsfunktion, gewinnen lassen. Diese ist ein Bipotential, weil sie der Gl. (27,17) genügt.

Als letztes Beispiel für eine LAGRANGE-Dichte $\mathfrak{L}$, mit der man aus (27,14) eine weitere „Differentialgleichung der Physik" von höherer als 2. Ordnung erhält, sei der Ausdruck

$$\mathfrak{L} = \frac{\varrho}{2} \dot{\psi}^2 - \frac{E h^2}{24} (\partial_x \partial_x \psi)^2 \tag{27,18}$$

genannt. Mit ihm liefert (27,14) — wenn darin $u = t$ und $v = x$ gesetzt wird — die Differentialgleichung

$$\varrho\, \ddot{\psi} + \frac{E h^2}{12} \partial_x \partial_x \partial_x \partial_x \psi = 0 \tag{27,19}$$

oder herkömmlich geschrieben

$$\varrho\, \ddot{\psi} + \frac{E h^2}{12} \frac{\partial^4 \psi}{\partial x^4} = 0\,. \tag{27,20}$$

[1]) Sir George AIRY: *1801 in Alnwick, North Humberland, † 1892 in London.

Dies ist die Bewegungsgleichung für die Biegeschwingungen eines Stabes mit rechteckigem Querschnitt. In (27,20) bedeuten ϱ die Dichte und E den Elastizitätsmodul des Stabmaterials, ferner h die „Dicke" des Stabes und $\psi = \psi(x, t)$ die vertikale Auslenkung aus seiner Ruhelage. Das Koordinatensystem, in bezug auf das (27,20) gilt, ist so gewählt, daß dessen x-Achse mit der Mittellinie („neutrale Faser") des ruhenden Stabes zusammenfällt.

Die „Stabgleichung" (27,20) ist ein Sonderfall der erstmalig 1850 von KIRCHHOFF[1]) angegebenen „Plattengleichung", die die Transversalschwingungen einer Platte beschreibt. Auch diese Bewegungsgleichung läßt sich aus einem Variationsproblem gewinnen. Sie ist eine inhomogene Bipotentialgleichung.

Feldgleichungen von höherer als 4. Ordnung, die in der Physik eine ähnlich bedeutungsvolle Rolle spielen, wie die vorstehend angegebenen Differentialgleichungen, sind nicht bekannt.

[1]) Gustav KIRCHHOFF: *1824 in Königsberg, † 1887 in Berlin.

Sachregister

anholome Koordinaten 45
anholonome Nebenbedingungen 19, 20
Anzahl der Freiheitsgrade 18, 45
APPELL 121
ARISTOTELES 4

BERNOULLI 5
Bewegungsgleichung, – kanonische 88
Bewegungsgleichung, – LAGRANGEsche 1. Art 30ff.
Bewegungsgleichung, – LANGRANGEsche 2. Art 52ff, 60ff
Bewegungsgleichungen, – NEWTONsche 2
Bindungen 17
Bindungen, – einseitige 19
Bindungen, – zweiseitige 19
Bipotentialgleichung 143
BOHR 126
BOLTZMANN 19, 48
BORN 130

CHRISTOFFEL 64

D'ALEMBERT 5
D'ALEMBERT-Operator 141
D'ALEMBERTsches Prinzip 30ff
DE BROGLIE 125
DE BROGLIE-Wellenlänge 125
Differentialprinzip 79
Drei-Indizes Symbol 64
DU BOIS-REYMOND 9
δ-Variation 10
Δ-Variation 10, 77

ebenes Pendel 61
Eikonalgleichung 123
einseitige Bindungen 19
EINSTEIN 125
Elastische Grundgleichung 133
Energetische Betrachtungen 41ff
Energieintegral 13, 14, 90ff
Erhaltungsgröße 42, 89
Erhaltungssätze 112
erweiterte LAGRANGEsche Gleichung 2. Art 70
Erzeugende der kanonischen Transformation 97
EULER 5, 48, 76
EULERsche Ableitung 10
EULERsche Gleichung 7, 15, 16
EULERsche Gleichung der Hydrodynamik 133
EULER-MAUPERTUISsches Prinzip 81, 82
EULERsche Winkel 48

Feld 131
Feldgleichung 131
Feldgröße 131
freier Massenpunkt 17
Freiheitsgrade, – Anzahl der 18
FERMAT 4
FERMATsches Prinzip 122
Forminvarianz 113
Funktional 7
Funktionalableitung 10, 137

GALILEI 1
GAUSS 34
GAUSSsches Prinzip 34ff, 118
generalisierte Koordinaten 45ff
generalisierte Kraft 58, 60
generalisierter Impuls 85
Gleichgewicht 20
Gleichtgewicht, – eines freien Massenpunktes 20
Gleichgewicht, – eines Punktsystems 25
Gleichgewicht, – eines unfreien Massenpunktes 22ff
Gleichgewicht, – indifferentes 22, 26
Gleichgewicht, – labiles 22, 26
Gleichgewicht, – stabiles 22, 26
Gleichung, – von GIBBS-Appell 118ff
Gleichung, – von ROUTH 115ff
GIBBS 121

GIBBS-APPELLsche Funktion 121
GIBBS-APPELLsche Gleichung 118ff
Grundfunktion 7

HAMEL 5
HAMILTON 5, 64
HAMILTON-Funktion 87
HAMILTON-JACOBIsche Gleichung 99ff
HAMILTON-Operator 129
HAMILTONsche Gleichungen 85ff.
HAMILTONsche Mechanik 85ff.
HAMILTONsches Prinzip 64ff.
HEISENBERG 130
v. HELMHOLTZ 89
HERON 4
HERTZ 6, 19
HERTZsches Prinzip 6
holonome Koordinaten 45
holonome Nebenbedingungen 19, 20

Impuls, — generalisierter 85
Impulsoperator 128
indifferentes Gleichgewicht 22
Integrabilitätsbedingungen 47
Integralprinzip 79
Invarianzeigenschaften 112

JACOBI 5, 76
JACOBIsche Identität 108
JACOBI-Theorem 103
JORDAN 130
JOURDAIN 83
JOURDAINsches Prinzip 83

kanonische Gleichung 88
kanonisch konjugierte Variable 88
Kanonische Transformation 94ff
Kanonische Transformation, – Erzeugende der 97
KNESER 10
konversatives System 102
Konstante der Bewegung 89
Koordinaten, – generalisierte 45
Koordinaten, – generalisierte Geschwindigkeits– 47
Koordinaten, — verallgemeinerte 45
Kraft, – generalisierte 58, 60
Kreiselgleichungen 73
Kreispendel 61

labiles Gleichgewicht 22
LAGRANGE 5
LAGRANGE-Dichte 134, 140ff.
LAGRANGE-Funktion 55, 65
LAGRANGEsche Bewegungsgleichung 1. Art 30ff.
LAGRANGEsche Bewegungsgleichung 2. Art 52ff., 60
LAGRANGEsche Gleichung, – erweiterte 70
LAGRANGEscher Multiplikator 24
LAGRANGEsche Zentralgleichung 66, 77
LAPLACE-Gleichung 132
LAPLACE-Operator 132
LEGENDRE 85
LEGENDRE-Transformation 85
LEIBNIZ 5
Lex secunda 2

Massenpunkt 1
Massenpunkt, – freier 17
Massenpunkt, – unfreier 17
Materiewelle 125
MAUPERTUIS 5, 76
MAUPERTUIssches Prinzip 81ff.
mechanisches System 1
Modelle der Mechanik 1

NAVIER-STOKESsche Gleichung 134
Nebenbedingungen 17ff., 26, 33, 34, 38, 40
Nebenbedingungen, – anholonome 19,20
Nebenbedingungen, – holonome 19, 20
Nebenbedingungen, – nichtholonome 19, 20
Nebenbedingungen, – rheonome 19, 20
Nebenbedingungen, – skleronome 19, 20
NEWTON 1
NEWTONsche Bewegungsgleichungen 2
NEWTONsches Potential 131
nichtholonome Koordinaten 45
nichtholonome Nebenbedingungen 19, 20

Operator 128
Optisch-mechanische Analogie 121ff.
Ortsoperator 129

PLANCK 125
POISSON-Klammer für ein Feld 139
POISSON-Klammern 106
POISSONsche Gleichung 133
Potential, – NEWTONsches 132
Potential, – retardiertes 141

Prinzip 81
Prinzip, – der kleinsten Wirkung 81, 82
Prinzip, – der variierenden Wirkung 81
Prinzip, – der virtuellen Arbeit 21
Prinzip, – der virtuellen Verschiebung 20ff.
Prinzip, – HAMILTONsches 64ff.
Prinzip, – von D'ALEMBERT 30ff.
Prinzip, – von EULER-MAUPERTUIS 81, 82
Prinzip, – von GAUSS 34ff., 118
Prinzip, – von HERTZ 6
Prinzip, – von JOURDAIN 83
Prinzip, – von MAUPERTUIS 81, 82, 122

Quasikoordinaten 48

retardierte Potentiale 141
rheonome Nebenbedingungen 19, 20
ROUTH 116
ROUTHsche Funktion 116
ROUTHsche Gleichungen 115

skleronome Nebenbedingungen 19, 20
SOMMERFELD 126
System, – konservatives 102
System, – mechanisches 1
SCHAEFER 71
SCHRÖDINGER 126
SCHRÖDINGER-Gleichung 127
stabiles Gleichgewicht 22
stationärer Wert 7
STEVIN 4

Theorem von JACOBI 103
TORRICELLI 4
Trägheitskraft 30
Transformation, – kanonische 94ff.

unfreier Massenpunkt 17

Variation 10
Variationsableitung 10, 137
Variationsrechnung 6ff.
verallgemeinerte Koordinaten 45
verallgemeinertes HAMILTONsches Prinzip 66, 79
Vertauschungsrelation 130
virtuelle Arbeit 21
virtuelle Verschiebung 21
VOIGT 20

Wellenfunktion 126
Wellengleichung 133
Wellenmechanik 126
Wellenpotentiale 141
Wirkungsfunktion 100
Wirkungsfunktion, – verkürzte 102

Zahl der Freiheitsgrade 18
Zwangsbedingungen 17
Zwangskraft 24
zweiseitige Bindungen 19
zyklische Variable 89ff.

Max Planck

Vorlesungen über Thermodynamik

11. Auflage, erweitert um eine Biographie Max Plancks und ein Kapitel über einige Grundbegriffe aus der Thermodynamik irreversibler Prozesse von M. Päsler

Groß-Oktav. Mit 5 Figuren. XXXVI, 343 Seiten. 1964
Ganzleinen DM 30,–

Dieses Werk entstand als Zusammenfassung der Arbeiten Plancks über das Gebiet der Thermodynamik. Planck geht von einfachsten Erscheinungen (Temperaturbegriff u. a.) aus und entwickelt die drei Hauptsätze der Thermodynamik, einschließlich Anwendungen (Gleichgewichtszustände von homogenen Systemen, von Systemen mit beliebig vielen unabhängigen Komponenten usw.). Mit diesem wichtigen Werk wurde eine Arbeit neu herausgegeben, die man zu den Quellen der heutigen Forschung zählen darf. *Energietechnik*

Friedrich Nerdel

Organische Chemie

Ein Lehrbuch für Naturwissenschaftler, Mediziner und Techniker
Unter Mitarbeit von B. Schrader

2., völlig neu bearbeitete und erweiterte Auflage
Groß-Oktav. Mit 48 Abbildungen. XII, 209 Seiten. 1964
Plastikeinband DM 18,–

Es ist ein ausgezeichneter Versuch, aus theoretischen Überlegungen, insbesondere Betrachtungen über die chemische Bindung, das Gebäude der organischen Chemie aufzubauen, ohne auf die Fülle der Einzelprobleme einzugehen, und soll den Nichtchemikern unter den Akademikern ein Verständnis für die Probleme der organischen Chemie vermitteln.
Chemie für Labor und Betrieb

W. Kleber

Angewandte Physik

Behandlung der Eigenschaften kristallisierter Körper vom Standpunkte der Gittertheorie

3., völlig neu bearbeitete und erweiterte Auflage. Oktav
Mit 86 Abbildungen im Text. XII, 291 Seiten. 1960
Plastikeinband DM 38,–
(Arbeitsmethoden der modernen Naturwissenschaften.
Herausgegeben von Prof. Dr. Kurt Fischbeck, Heidelberg)

Bei Fragen zur Produktsicherheit wenden Sie sich bitte an:
If you have any questions regarding product safety,
please contact:

Walter de Gruyter GmbH
Genthiner Straße 13
10785 Berlin
productsafety@degruyterbrill.com